Association Amicale des Élèves et Anciens Élèves
DE
L'ÉCOLE NATIONALE SUPÉRIEURE DES MINES

COMPTE RENDU
DES
Fêtes du Cinquantenaire
DE L'ASSOCIATION

Célébrées les 12, 13, 14 et 15 Juin 1914

Et honorées de la présence de

M. le PRÉSIDENT DE LA RÉPUBLIQUE

PARIS
39 RUE GODOT-DE-MAUROY (IXe)

1914

Association Amicale des Élèves et Anciens Élèves

DE

L'ÉCOLE NATIONALE SUPÉRIEURE DES MINES

COMPTE RENDU

DES

Fêtes du Cinquantenaire

DE L'ASSOCIATION

Célébrées les 12, 13, 14 et 15 Juin 1914

Et honorées de la présence de

M. le PRÉSIDENT DE LA RÉPUBLIQUE

PARIS

39, RUE GODOT-DE-MAUROY (IXe)

1914

AVANT-PROPOS

UN REGARD EN ARRIÈRE

Il est utile, avant de rendre compte des fêtes par lesquelles a été célébré le cinquantième anniversaire de la fondation de notre Association Amicale, de jeter un regard en arrière, et d'examiner l'œuvre accomplie.

Créée sur des bases très modestes, l'Association a progressé lentement, mais sûrement. Par deux fois, elle a dû quitter les locaux où elle s'était installée parce qu'ils étaient devenus trop étroits. Puis il lui a fallu étendre ses services, s'assurer un personnel stable, et enfin, en 1906, donner au président, dont le travail croissait chaque année, un secrétaire général permanent : le premier en date, notre camarade CHAPOT, est toujours en fonctions, et chacun sait quelle part revient, dans le succès et le développement de notre groupement, à son infatigable dévouement.

Nous en sommes arrivés à être maintenant largement installés, et à avoir un personnel actif, bien au courant des affaires, bien outillé, possédant une documentation étendue et des archives précieuses : notre Comité, sans cesse en éveil et toujours plus assidu, a donc pu facilement s'adonner à sa tâche, et, tout en accroissant l'influence de l'Association, accomplir une œuvre durable et féconde.

Ces résultats n'ont été obtenus que grâce à l'union sans cesse plus étroite de nos camarades, qui ont compris qu'à notre époque, la solidarité est devenue une absolue nécessité. Au milieu des difficultés de tous ordres de la vie moderne, aux prises avec une concurrence de jour en jour plus active, on ne peut poursuivre un dessein ou défendre des intérêts, si respectables soient-ils, que si on représente vraiment une force. Soyons unis pour être forts !

Tel est le point de vue qui a dominé l'évolution de notre groupement. L'idée première de sa fondation était d'en faire surtout une Association philanthropique, une mutuelle de secours. Mais les circonstances ont inéluctablement élargi le cadre de son action, qui s'est faite plus générale et plus efficace.

Si nous avons réussi, c'est beaucoup grâce à la cordialité des rapports entre camarades, rapports que nous avons cherché à rendre sans cesse plus fréquents, que nous avons provoqués ou encouragés. Cette cordialité existait déjà, sans doute, mais un peu à l'état latent : nous lui avons donné l'occasion de prendre mieux conscience d'elle-même et de s'affirmer au grand jour.

Un de nos services, à lui seul, a prouvé quotidiennement l'utilité immédiate de notre groupement : c'est celui qui centralise les situations vacantes qui lui sont signalées, qui prévient les intéressés et qui soutient leurs candidatures dans toute la mesure possible.

Il faut étendre encore ce service; et nous demandons à tous ceux de nos camarades qui occupent actuellement une situation élevée, ou seulement un poste où ils ont déjà une certaine influence, de se souvenir que leurs débuts ont été facilités presque toujours par un acte de camaraderie. Ils ont pour devoir d'aider à leur tour les débutants et c'est ainsi qu'ils s'acquitteront le mieux de la petite dette de reconnaissance qu'ils ont jadis contractée.

Nos jeunes camarades surtout ont profité de cette extension des services de l'Association, et le plus grand nombre d'entre eux sont maintenant placés par nos soins à leur sortie de l'Ecole. Mais nombreux aussi sont les camarades déjà anciens, ou même âgés, qui sont venus également frapper à notre porte, et ont demandé à la camaraderie l'aide dont ils avaient besoin. Un peu sceptiques au début, ils ont bien dû reconnaître par leur propre expérience que ce n'était jamais en vain que notre président, notre secrétaire général et notre Comité dépensaient sans compter leur peine et leur dévouement.

M. Louis Baclé,
Président de l'Association.

M. Henri Chapot,
Secrétaire Général de l'Association.

L'Association n'a pas été seule à travailler : les élèves à l'Ecole l'ont puissamment aidée, grâce à l'esprit nouveau dont ils ont fait preuve depuis quelques années, et à l'heureuse influence de quelques camarades, précieux agents de liaison entre l'Ecole et l'Association, que nous aurions voulu pouvoir nommer ici.

Autrefois, la seule manifestation de l'Ecole était le *Punch de la Sainte-Barbe*. Cette petite solennité a été, bien entendu, soigneusement conservée, mais bien d'autres s'y sont ajoutées depuis.

En 1902, tout d'abord, quelques camarades ont fondé le *Bal annuel*, qui a connu, depuis lors, les succès que l'on sait, et qui est un des plus élégants et des plus recherchés des bals officiels.

En 1905, fut créée la *Commission des Elèves*, à laquelle se sont toujours vivement intéressés les directeurs et sous-directeurs de l'Ecole et qui a rendu tant de services agréables ou utiles.

De la Commission sont sortis les *Albums* de caricatures ou de chansons, la *Séance d'Ombres* qui complète maintenant le punch, la *Revue* annuelle, qui réunit en une élégante et spirituelle soirée les camarades et leurs familles, le service de *Renseignements pour les voyages et les stages*, l'impression d'un certain nombre de cours, etc.

En 1908, enfin, fut fondé le *Cercle des Elèves* qui est devenu, non seulement un lieu de réunion pour les heures de liberté, mais encore un véritable petit centre d'études (1). De dévoués camarades se sont efforcés, en effet, ces derniers mois, d'y amener des conférenciers de valeur et d'y faire traiter devant les élèves un certain nombre de questions d'intérêt immédiat et de portée pratique. Ces conférences, qui complètent fort utilement l'enseignement purement théorique de l'Ecole, ont toujours été suivies par plus de cinquante élèves, ce qui représente la moitié de l'effectif de l'Ecole. Plusieurs fois elles ont été honorées de la présence du directeur et du sous-directeur de l'Ecole, de membres du

(1) Parmi les dernières conférences, nous citerons celles de M. Pawlowski sur *La découverte du bassin de minerai de fer de Normandie*, celle de M. Victor Cambon sur *L'Allemagne actuelle*, celle du lieutenant Maury sur *L'Artillerie allemande*, etc.

Corps des Mines ou de personnalités marquantes de l'industrie.

Le succès a largement répondu au concours de tous, comme le montre la comparaison suivante : sur les 240 élèves des dix promotions 1864-1873, 139 seulement font ou ont fait partie de l'Association, soit 58 0/0, alors que sur les 438 élèves des dix dernières promotions (1904-1913), 400 sont membres de l'Association, soit 92 0/0.

Voici, du reste, le détail donné par groupes de dix promotions :

Promotions 1864-1873 : sur 240 élèves, 139 étaient ou sont de l'Association, soit 58 0/0 ;

Promotions 1874-1883 : sur 235 élèves, 156 étaient ou sont de l'Association, soit 66 0/0 ;

Promotions 1884-1893 : sur 288 élèves, 228 étaient ou sont de l'Association, soit 79 0/0 ;

Promotions 1894-1903 : sur 352 élèves, 308 étaient ou sont de l'Association, soit 87 0/0 ;

Promotions 1904-1913 : sur 438 élèves, 400 étaient ou sont de l'Association, soit 92 0/0.

Donc, plus on avance, plus grand est le nombre des anciens élèves qui se sont fait inscrire à l'Association. Actuellement, on peut dire que la presque totalité des promotions récentes y est affiliée, et que ces promotions n'hésitent pas à adhérer en bloc. Nous espérons que les quelques dissidents qui restent encore se décideront bientôt, eux aussi, et qu'ils apporteront ainsi parmi tous les anciens de l'Ecole la cohésion complète qui est si désirable.

Il est à remarquer, d'ailleurs, que nous recevons fréquemment des adhésions nouvelles d'anciens élèves de promotions anciennes, qui étaient restés jusqu'ici en dehors de l'Association et qui, au vu de son utilité et de son action, viennent grossir nos rangs. D'autres, ayant autrefois démissionné, demandent à y rentrer.

La prospérité de notre Association est mise en évidence par le tableau suivant, qui donne le nombre des membres depuis 1900 :

1900	688	1907	924
1901	706	1908	993
1902	725	1909	1.031
1903	749	1910	1.054
1904	802	1911	1.050
1905	824	1912	1.082
1906	872	1913	1.137

L'œuvre de notre Association et celle de nos jeunes camarades encore élèves à l'Ecole — toutes deux parallèles et résumées plus haut — n'ont pas été utiles seulement pour l'Association. Elles l'ont été aussi pour le recrutement et la fortune de l'Ecole, qui a vu grandir son prestige devant la jeunesse de nos lycées.

Nos camarades savent, en effet, que le nombre des candidats à l'Ecole a progressé beaucoup, passant de 167 en 1903 à plus de 300 en 1913, bien qu'entre ces deux dates le programme d'admission ait été singulièrement alourdi et qu'on ait institué des épreuves *écrites éliminatoires*.

En même temps, l'âge moyen de l'admission à l'Ecole diminuait. Et, alors qu'en 1903 les neuf dixièmes des promotions entraient à la limite d'âge, en 1913 il n'y avait dans ce cas que 60 0/0 des élèves.

Ces faits montrent que l'Ecole est de plus en plus recherchée et que la valeur des candidats a augmenté. C'est donc sans inconvénient et sans déchet que la limite d'âge a pu être, en 1913, abaissée, de 21 à 20 ans, pour le plus grand profit de tous.

Sans doute, un tel résultat est dû, en partie, aux perfectionnements apportés à l'enseignement, notamment à l'organisation des laboratoires si remarquables que l'Ecole possède maintenant.

Mais ce sont là des améliorations qui, si importantes soient-elles, n'influent qu'assez peu sur les candidats et ne contribuent guère à les attirer. Il faut donc bien admettre, et cela nous le savons par les intéressés eux-mêmes, que l'œuvre signalée plus haut a utilement contribué à faire connaître l'Ecole et à la faire rechercher par les candidats.

L'action des élèves à l'Ecole, qui ont laissé des camarades en « Spéciales » et ont influé sur eux, s'est fait sentir très sensiblement sur le recrutement et a contribué dans une large mesure à faire connaître l'Ecole et à faire naître le désir d'y entrer.

Les jeunes élèves de nos classes de Spéciales savent en effet maintenant que, sitôt entrés dans notre vieil hôtel de Vendôme, ils deviennent nos filleuls, et que, pour toujours, ils peuvent compter sur l'appui de notre Association, sur notre appui à tous. Le titre d'élève à l'Ecole des Mines leur ouvre non seulement l'accès aux cours magistraux et aux laboratoires magnifiques de l'Ecole, mais aussi à un milieu cohérent, honoré, auquel ils sont fiers d'appartenir, où ils se créent des amitiés et des relations précieuses, et où ils trouveront toujours le plus bienveillant et le plus cordial appui. Il savent que l'Ecole a une personnalité bien vivante, une vie bien à elle, un esprit qui lui est propre, — toutes choses qui les attirent et les retiennent.

Nous sommes fiers d'avoir pu ainsi contribuer directement et utilement à l'œuvre accomplie par le personnel dirigeant et enseignant de l'Ecole : la première des grandes Ecoles, et avec plusieurs années d'avance, l'Ecole des Mines a modifié son enseignement, rajeuni ses promotions, développé le contact avec l'industrie par les stages et les voyages, institué de vastes laboratoires d'enseignement pratique et de recherches personnelles — en même temps qu'elle développait l'enseignement des langues vivantes et faisait la part plus large à la formation littéraire et à la culture générale.

Comment pourrait-on donc ne pas rester profondément attaché à notre vieille maison familiale, à ce bel établissement qui, à moitié caché dans la verdure des jardins du Luxembourg, unit au charme de sa situation et aux souvenirs d'une époque disparue les méthodes et les moyens d'instruction les plus modernes et les plus puissants ? Et comment ne se serait-on pas uni aux belles fêtes qui viennent de le célébrer lui aussi, en glorifiant les nombreuses générations d'ingénieurs qui s'y sont formées, pour la plus grande prospérité de l'industrie française ?

Espérons que les années à venir marqueront plus fortement encore la précieuse collaboration de l'Ecole et de l'Association, pour la plus grande prospérité de l'une et de l'autre.

COMPTE-RENDU

DES

FÊTES DU CINQUANTENAIRE

12, 13, 14, 15 juin 1914.

Les fêtes par lesquelles l'Association des anciens élèves de l'Ecole supérieure des Mines a célébré son cinquantenaire ont eu lieu les 12, 13, 14 et 15 juin 1914. Elles ont réuni un très grand nombre de camarades et de personnalités appartenant à l'industrie et à la science, et la présence de M. le président de la République en a souligné l'importance et rehaussé l'éclat.

Le programme comprenait :

1° Une séance d'ouverture, le vendredi 12 juin, avec un discours de M. Baclé, président de l'Association, et une conférence de M. H. Le Chatelier sur la Micrographie et ses Applications Industrielles ;

2° Une visite des laboratoires de l'Ecole, le samedi 13, avec une conférence de M. Zeiller sur la Paléobotanique, et une de M. de Launay sur la Métallogénie ;

3° Une garden-party, le dimanche 14, au ministère des Travaux Publics ;

4° Une visite des collections de l'Ecole, le lundi 15, avec une conférence de M. Le Cornu sur les Moteurs d'Aviation, et une de M. Termier sur les récents Progrès de la Géologie ;

5° Un banquet de clôture, le lundi 15 également, sous la présidence de M. le président de la République, accompagné de M. Fernand David, ministre de l'Agriculture et ancien ministre des Travaux Publics.

Ce programme a été complété par la frappe d'une médaille commémorative, due à M. Corneille Theunissen, et par la préparation d'un Livre d'Or qui rappellera l'œuvre accomplie par les anciens élèves au point de vue scientifique et industriel, et dans lequel on trouvera le texte des conférences énumérées ci-dessus.

Ajoutons qu'un service pour le repos de l'âme des associés défunts avait été célébré à Saint-Sulpice, le samedi 13 juin, par les soins d'un Comité spécial formé à cet effet, et que l'Assemblée générale annuelle de l'Association, placée à dessein au milieu des Fêtes du Cinquantenaire, avait été tenue le même jour sous la présidence de M. Chesneau.

Il est juste que l'Association tout entière renouvelle à M. le président de la République, ainsi qu'à MM. les ministres des Travaux Publics et de l'Agriculture, l'expression de sa respectueuse gratitude.

Elle remercie aussi très vivement MM. Delafond et Chesneau, Directeur et Sous-Directeur, qui ont fait les honneurs de l'Ecole, ainsi que MM. Le Chatelier, Zeiller, Lecornu, Termier et de Launay, membres de l'Institut, dont les conférences ont donné tant d'intérêt aux réunions.

Enfin, elle est heureuse d'assurer de sa sincère reconnaissance son président et son secrétaire général, MM. Baclé et Chapot, qui se sont dépensés sans compter et ont su mener à bien la tâche écrasante et ingrate de l'organisation matérielle des fêtes.

De cette réunion familiale, qui a rapproché pour quelques heures, dans le cadre même de notre vieille Ecole, tant de camarades éloignés les uns des autres par leurs occupations, tous garderont le meilleur et le plus vivant souvenir.

M. Frédéric Delafond,
Directeur de l'École Supérieure des Mines.

M. Gabriel Chesneau,
Sous-directeur de l'École Supérieure des Mines.

PREMIÈRE JOURNÉE — Vendredi 12 juin

La séance d'ouverture, à laquelle assistaient plusieurs centaines de personnes, eut lieu le vendredi 12 juin à 4 heures de l'après-midi, dans la grande salle de l'Hôtel des Sociétés savantes.

M. Baclé, président de l'Association, présidait, ayant à ses côtés le Bureau de l'Association.

Après avoir ouvert la séance, M. le Président prononça un discours que nous reproduisons plus loin *in extenso*, puis donna la parole à M. Henry Le Chatelier, inspecteur général des Mines, professeur à l'Ecole, membre de l'Institut.

M. Le Chatelier fit alors une conférence, reproduite *in extenso* dans une brochure spéciale, sur la *Métallographie*, science nouvelle qui paraît appelée à tant de résultats féconds.

Il résuma d'abord en quelques mots l'historique de la métallographie, puis montra quel rôle ont joué dans cette science les savants français, et rappela que, la première de toutes les grandes écoles, l'Ecole des Mines a créé un cours et un laboratoire de métallographie.

Il donna ensuite des détails sur la technique proprement dite, ainsi que sur la préparation, l'attaque et la photographie des échantillons. Puis il montra avec quelles difficultés la science des alliages a réussi à prendre corps, ce qui témoigne une fois de plus des difficultés avec lesquelles notre esprit arrive à édifier une idée nouvelle.

Enfin, dans une dernière partie de sa conférence, il mit en lumière les vastes applications pratiques qui s'offrent à la métallographie. Elle a permis notamment de préciser les conditions de variation des propriétés de chaque alliage et de régulariser un grand nombre de fabrications. Ainsi la science pure vient au secours de la pratique quotidienne de l'industrie.

Des applaudissements répétés saluèrent la Conférence si nourrie de M. LE CHATELIER.

DEUXIÈME JOURNÉE — Samedi 13 juin

Le service de Saint-Sulpice. — Sur l'initiative de MM. MAHLER et CHAPOT, un certain nombre de camarades s'étaient réunis à l'occasion des fêtes du Cinquantenaire, afin de faire célébrer un service pour le repos de l'âme des anciens élèves décédés depuis la fondation de l'Ecole, et avaient nommé un Comité, présidé par M. HATON DE LA GOUPILLIÈRE, ancien directeur, pour en assurer l'organisation. C'est à Saint-Sulpice, paroisse de l'Ecole, que la messe de *Requiem* fut dite, le 13 juin, à 8 heures du matin, par notre camarade M. l'abbé DU PASSAGE (1897).

Plus de trois cents camarades, ayant à leur tête M. BACLÉ, président de l'Association, assistèrent à ce service, beaucoup étant accompagnés de leur famille. MM. le directeur et le sous-directeur de l'Ecole, ainsi que plusieurs hautes personnalités du Corps des Mines, étaient également présents.

Après l'évangile, M. l'abbé DU PASSAGE prononça une allocution reproduite plus loin.

Un Comité fut organisé le jour même pour renouveler cette touchante cérémonie et faire célébrer désormais chaque année une messe pour le repos de l'âme de tous les camarades décédés depuis le service précédent. Ce Comité composa comme suit son bureau : MM. HATON, président ; ZEILLER et DE SAVIGNAC, vice-présidents ; Robert LE CHATELIER, trésorier ; DE MIRIBEL, secrétaire ; un délégué des élèves à l'Ecole, secrétaire-adjoint.

La visite des Laboratoires de l'Ecole. — Dans la matinée du 13 juin également, eut lieu la visite des laboratoires de l'Ecole, sous la conduite des professeurs qui les dirigent.

Pour beaucoup d'anciens, qui n'étaient pas revenus à l'Ecole depuis longtemps, ce fut une véritable révélation, car ces laboratoires datent de 1902, et les promotions les plus jeunes ont seules pu y travailler. Ils se félicitèrent de voir l'Ecole développer ainsi l'enseignement pratique, après avoir réalisé, la première de toutes les grandes Ecoles, des installations de premier ordre.

Ces installations comprennent notamment :

1° Un laboratoire de mesures électriques et d'essais de machines électriques, sous la direction de M. Liénard ;

2° Un laboratoire de mécanique, sous la direction de M. Sauvage, dans lequel se pratiquent les essais de métaux, essais à la torsion, à la compression, à la traction, au mouton de Frémont, essais micrographiques, etc. ;

3° Un laboratoire de chimie industrielle, sous la direction de M. H. Le Chatelier, consacré aux travaux de céramique, de mesure des températures, de métallographie, de micrographie, etc. ;

4° Un laboratoire de chimie, sous la direction de M. Chesneau, qui continue l'ancien laboratoire, grandement complété et perfectionné, et qui permet maintenant à soixante élèves de travailler en même temps.

5° Un laboratoire de métallurgie générale, sous la direction de M. Etienne.

Ces laboratoires ont un rôle de première importance dans l'éducation des élèves, et ceux-ci leur consacrent plus de la moitié de leurs après-midi. Ils acquièrent ainsi, sous la direction de maîtres éminents, les éléments de science pratique industrielle qui apparaissent comme de plus en plus indispensables à la fonction de l'ingénieur.

Mentionnons ici, en reconnaissance du rôle si éminemment utile qu'ils jouent par leur présence constante au milieu des élèves et leur excellente influence personnelle, MM. Roberjot, Frémont, Goutal et Idrac, chefs des travaux pratiques, attachés aux laboratoires.

Conférences de MM. Zeiller et de Launay. — L'après-midi du 13 juin, eurent lieu à 15 heures, dans la grande salle de l'hôtel des Sociétés Savantes, les conférences de

MM. Zeiller et de Launay, tous deux inspecteurs généraux des Mines, professeurs à l'Ecole et membres de l'Institut.

M. Zeiller, qui avait pris comme sujet *la Paléobotanique*, rappela d'abord comment cette science a pris naissance et comment elle s'est classée parmi l'une des branches les plus importantes de la paléontologie. Il rendit justice à cette occasion au rôle important joué par les Français, qui sont les véritables créateurs de cette science nouvelle, et montra combien certains ingénieurs, tels que MM. Reumaux et Fayol, ont facilité les recherches nécessaires à son établissement sur une base solide. Il montra aussi quel intérêt captivant on trouve à l'étude des végétaux préhistoriques, soit qu'on y retrouve des végétaux actuels, soit qu'on y découvre certains autres qui ont aujourd'hui complètement disparu.

Il montra enfin de quel secours a été et sera la paléobotanique dans l'étude des gisements houillers et rappela l'exemple célèbre de la Grand'Combe, où l'examen des paléobotanistes amena la découverte de deux couches importantes. Des applications nouvelles ont été faites récemment dans l'étude du gisement du Nord et du Pas-de-Calais. Ainsi se trouve vérifiée dans le domaine minier l'utilité que peuvent avoir des études purement scientifiques pour les progrès de l'industrie.

M. de Launay définit tout d'abord la métallogénie, science dont il s'est particulièrement occupé, comme étant l'étude de la distribution et de l'exploitabilité avec bénéfice des richesses minérales. Il montra que, dans cette branche également, la recherche purement théorique et désintéressée est intervenue et interviendra dans l'avenir pour faciliter les recherches et l'exploitation des gisements minéraux. Il cita, en particulier, les progrès qu'ont faits les études de transformation des gisements en profondeur, et montra comment on arrive actuellement à avoir des données générales très précises provenant de l'étude théorique d'un très grand nombre de gisements. Ce sont là des directives précieuses pour l'appréciation des gisements nouveaux et pour le choix entre les procédés d'exploitation qui peuvent être envisagés.

Ces deux conférences, qui sont reproduites avec celle de M. Le Chatelier dans la brochure spéciale, furent, elles aussi, longuement applaudies par les camarades présents qui voulurent manifester ainsi aux deux savants professeurs, dont chacun a joué un rôle capital dans l'évolution de la science qu'il décrivait, la fierté des anciens élèves de l'Ecole et de la France tout entière.

L'Assemblée générale. — Le Comité de l'Association avait pris soin d'intercaler l'Assemblée générale de 1914 au milieu des fêtes du Cinquantenaire. Ce fut une occasion pour tous de se retrouver une fois de plus et d'applaudir un discours de M. Chesneau, qui sut faire revivre tout le passé de l'Ecole en nous contant avec esprit les modifications qu'elle subit depuis 1757, année de sa fondation, jusqu'à son installation dans l'hôtel de Vendôme, et jusqu'à nos jours.

Cette Assemblée générale n'est donc pas en dehors du cadre des fêtes du Cinquantenaire et nous reproduisons ci-après le discours prononcé à cette occasion par M. Baclé ainsi que celui de M. Chesneau, qui contient un historique si vivant et si complet de l'Ecole.

TROISIÈME JOURNÉE — Dimanche 14 juin

La Garden-party au ministère des Travaux Publics. — Les fêtes du Cinquantenaire ne pouvaient être complètes qu'en faisant une part aux familles des camarades, qui apprennent ainsi à mieux connaître l'Ecole et s'intéressent davantage à elle. De telles réunions favorisent les relations et multiplient les points de contact. Grâce à elles, s'est créé et grandit sans cesse le milieu « Mines », marqué d'une note déjà si personnelle.

L'idée de donner cette fête dans le délicieux hôtel du ministère des Travaux Publics était des plus heureuses, et nous devons remercier très vivement MM. Fernand DAVID et RENOULT de nous avoir permis de la réaliser.

Les invités étaient reçus à l'entrée des salons par MM. BACLÉ, président de l'Association ; DELAFOND et CHESNEAU, directeur et sous-directeur de l'Ecole ; MM. LUUYT et MICHEL (Léopold), vice-présidents, et JACOUPY, trésorier de l'Association, ainsi que par MM. CHAPOT, secrétaire général, et J. MOURRAL, délégué élu des élèves.

Plus de mille personnes se pressèrent dans ce cadre élégant de 15 heures à 19 heures, visitant, de jour cette fois, les admirables salons où se donne le bal annuel, parcourant le parc ombreux qui complète si bien l'ancienne et aristocratique demeure du boulevard Saint-Germain, ou regardant danser jeunes gens et jeunes filles aux sons d'un orchestre tzigane.

Mme René RENOULT voulut bien rehausser la fête de sa présence et exprimer à M. BACLÉ les vifs regrets de M. le ministre des Travaux Publics qui, souffrant, était obligé de garder la chambre.

Outre les membres de l'Association et leurs familles, assistaient à la fête : le Corps enseignant de l'Ecole, le haut personnel de la Société d'Encouragement à l'Industrie Nationale, de la Société des Ingénieurs Civils de France, de la Société de l'Industrie Minérale, du Comité des Forges, du Comité des Houillères, de l'Ecole Polytechnique et des Grandes Ecoles techniques (Ecole Centrale des Arts et Manufactures, Ecole Nationale des Mines de Saint-Etienne, Ecole Nationale des Ponts et Chaussées), ainsi que les Présidents et Secrétaires généraux de leurs Associations amicales, les Présidents du Conseil Municipal de Paris et du Conseil Général de la Seine.

QUATRIÈME JOURNÉE — Lundi 15 JUIN

Conférences de MM. TERMIER *et* LECORNU. — Le lundi 15 juin, deux conférences furent données, l'une à 9 heures, l'autre à 9 heures 3/4 du matin, dans la grande salle de l'hôtel des Sociétés Savantes, par MM. TERMIER et LECORNU, inspecteurs généraux des Mines, professeurs à l'Ecole, membres de l'Institut.

Toutes les deux sont reproduites *in extenso* dans la brochure spéciale, avec celles de MM. LE CHATELIER, DE LAUNAY et ZEILLER.

M. TERMIER, dans la langue si belle et si imagée que connaissent tous ses anciens élèves, définit tout d'abord la géologie comme un vaste et séduisant voyage à travers l'espace et le temps. Puis il montra quels immenses progrès ont rendu possibles les dernières découvertes de la pétrographie, de la minéralogie et de la paléontologie. Il décrivit aussi l'orientation nouvelle qu'ont prise les travaux des géologues dans l'étude analytique et synthétique des chaînes de montagnes, étude qui a donné naissance à une branche nouvelle de la géologie : la *tectonique*. Grâce à elle, on a pu découvrir les immenses déplacements horizontaux inconnus autrefois et on est arrivé à cette conviction que la déformation de la terre s'est faite par ridement.

Il exposa ensuite quels résultats a donnés le développement d'une grande science également toute récente : la glaciologie.

En terminant, il rappela le rôle considérable qu'ont joué un grand nombre d'anciens élèves de l'Ecole, parmi lesquels il faut citer DUFRÉNOY, ELIE DE BEAUMONT, DE SÉNARMONT, MALLARD, DAUBRÉE, MICHEL LÉVY, DE LAPPARENT, MARCEL BERTRAND.

Les nombreux applaudissements qui saluèrent sa péroraison prouvèrent à notre Maître que l'Assemblée entendait unir son nom à ceux de la liste glorieuse qu'il venait d'énumérer.

M. LECORNU, après avoir établi les caractéristiques des moteurs et en avoir tracé un rapide historique, expliqua comment on est arrivé à la conception et à la construction actuelles. Il rappela en même temps le rôle considérable qui revient au français FOREST.

Il montra ensuite de quelle importance sont les métaux employés, tant par leur nature que par leur structure et leur dessin.

Puis il passa en revue les différents types de moteurs : les moteurs à cylindres multiples, les moteurs rotatifs, les moteurs alterno-rotatifs, puis, excursionnant dans le domaine d'un lointain avenir, il esquissa comment on peut envisager le déplacement d'un appareil gravide dans le vide,

2

et rappela l'étude qui a été faite par M. Esnault-Pelterie, d'un voyage dans la planète Vénus, au moyen d'un moteur au radium, voyage qui pourrait se faire en trente-cinq jours, mais coûterait plusieurs milliards.

Il ouvrit ainsi un horizon, lointain sans doute, mais combien séduisant, à tous ses auditeurs, qui applaudirent en lui le mathématicien auquel la science si moderne des moteurs est redevable d'études ingénieuses et profondes.

La visite des collections de l'Ecole. — La matinée du dernier jour fut consacrée à la visite des admirables collections de l'Ecole. Ces collections se complètent et accroissent leur valeur d'année en année : mais du moins les anciens retrouvèrent là un cadre qui leur fut familier, au lieu de parcourir des salles entièrement nouvelles comme celles des laboratoires. Et ce ne fut pas sans émotion qu'ils se penchèrent de nouveau sur les vitrines et revécurent tant d'heures de jadis, où, scrutant la contexture des fossiles et des minéraux, ils précisaient les belles leçons sur l'histoire de la terre, sur le passé préhistorique, que la chaude parole de nos maîtres faisait revivre dans les « amphis ».

Les camarades parcoururent ainsi, beaucoup accompagnés de leurs fils, futeurs « mineurs », la collection de minéralogie, complétée depuis quelques années par le laboratoire de pétrographie, la collection de géologie et celle de paléontologie.

MM. Douvillé, Lemoine et Michalon, chefs des travaux pratiques de géologie, de géologie appliquée et de minéralogie, dirigeaient les visiteurs.

Le banquet de clôture. — Le banquet de clôture, grâce à la bienveillante autorisation de M. Delafond, eut lieu dans l'Ecole même, sur la terrasse du jardin, d'où le regard découvrait, par delà les pelouses, les magnifiques frondaisons du Luxembourg.

L'excellente musique de l'Ecole d'artillerie de Vincennes, sous la direction de M. L. Blémant, prêtait son concours à la cérémonie.

La table d'honneur était installée sur une estrade, à laquelle on accédait directement par l'amphi A. Les autres tables se dressaient perpendiculairement à elle : les camarades y avaient été groupés par promotions et se retrouvaient ainsi facilement dès l'entrée. Au milieu étaient réunis les professeurs à l'Ecole et les membres du Comité de l'Association.

Le Banquet du 15 Juin à l'École

M. LE PRÉSIDENT DE LA RÉPUBLIQUE PRONONÇANT SON DISCOURS

A droite du Président : MM. Baclé, président de l'Association; Noël, sénateur, directeur de l'École Centrale; Noblemaire, président de l'Association des Anciens Élèves de l'École Polytechnique; Lebrun, ingénieur au corps des Mines, député, ancien ministre; Guillain, président du Comité des Forges de France, ancien ministre; Chassaigne-Goyon, président du Conseil municipal de Paris et Adolphe Carnot, ancien directeur de l'École.

A gauche du Président : MM. Fernand David, ministre de l'agriculture; Delafond, directeur de l'École; Aimond, ancien élève de l'École, sénateur; F. de Wendel, ancien élève de l'École, vice-président du Comité des Forges de France, député; Darcy, président du Comité des Houillères; Quentin, président du Conseil général de la Seine; Nivoit, ancien directeur de l'École; Cuvinot, sénateur, président de la Société des Amis de l'École Polytechnique.

M. Poincaré, président de la République, accompagné du général Beaudemoulin et du colonel Pénelon, ainsi que de M. Fernand David, ministre de l'Agriculture (1), fut reçu au bas de l'escalier d'honneur par MM. Baclé, président de l'Association, Delafond et Chesneau, Directeur et Sous-Directeur de l'Ecole, qui le conduisirent jusqu'à la table d'honneur.

De longs applaudissements saluèrent l'arrivée du président sous la tente où était servi le banquet, en même temps que la musique jouait la *Marseillaise*.

La liste des notabilités, qui avaient bien voulu accepter l'invitation et occupaient la table d'honneur, comprenait les noms suivants :

MM. Poincaré, Président de la République ; Fernand David, ministre de l'Agriculture ; les chefs de cabinet des ministres de la Guerre, des Travaux Publics, du Commerce, de l'Industrie et des Colonies ; MM. Noel, sénateur, directeur de l'Ecole Centrale ; Guillain, ancien ministre, Président du Comité des Forges de France ; Darcy, Président du Comité Central des Houillères de France ; Chassaigne-Goyon, Président du Conseil Municipal de Paris ; Quantin, Président du Conseil Général de la Seine ; Cuvinot, sénateur, Président de la Société des Amis de l'Ecole Polytechnique ; Kleine, directeur de l'Ecole Nationale des Ponts et Chaussées ; Général Cornille, commandant l'Ecole Polytechnique ; Général Beaudemoulin, de la Maison Militaire du Président de la République ; Lindet, président de la Société d'Encouragement pour l'Industrie Nationale ; Claveille, directeur des Chemins de fer de l'Etat, président de l'Association des Anciens Elèves de l'Ecole Nationale des Ponts et Chaussées ; Delloye, directeur des Glaceries de Saint-Gobain, vice-président de l'Association des Anciens Elèves de l'Ecole Centrale des Arts et Manufactures, remplaçant M. de Ribes-Christofle, président, absent de Paris ; François, régisseur de la Compagnie des Mines d'Anzin, président du Groupe parisien de l'Association des Anciens Elèves de l'Ecole Nationale des Mines de Saint-Etienne ; Mahieu, directeur du personnel au ministère des Travaux Publics ; Colonel Pénelon, de la Maison Militaire du Président de la République ; de Peyerimhoff, secrétaire du Comité Central des Houillères de France ; Pinot, secrétaire général du Comité des Forges de France ; Brisac, secrétaire de la Société de Secours

(1) M. Fernand David détenait le portefeuille des Travaux Publics au moment où les invitations furent lancées. Il voulut bien rester notre hôte après son passage à l'Agriculture, lors du remaniement du Ministère. Le nouveau ministre des Travaux Publics, M. Renoult, obligé de garder la chambre, s'était fait excuser et représenter.

de l'Ecole Polytechnique ; Colonel MAUMET, secrétaire de la Société des Amis de l'Ecole Polytechnique ; NEVEU, secrétaire général de l'Association des Anciens Elèves de l'Ecole Centrale ; VERNEY, secrétaire-trésorier de l'Association des Anciens Elèves de l'Ecole des Mines de Saint-Etienne ; CHISTA, secrétaire de l'Association des Anciens Elèves de l'Ecole des Ponts et Chaussées ; Corneille THEUNISSEN, statuaire, auteur de la plaquette du Cinquantenaire ; DE VALROGER, avocat-conseil de l'Association.

Les anciens élèves de l'Ecole des Mines de Paris dont les noms suivent avaient été invités à prendre place également à la table d'honneur :

MM. LEMONNIER (1852), ancien président de l'Assocation ; NOBLEMAIRE (1853), président de la Société de Secours de l'Ecole Polytechnique ; Adolphe CARNOT (1860), ancien directeur de l'Ecole ; NIVOIT (1861), ancien directeur de l'Ecole ; DELAFOND (1864), directeur de l'Ecole ; Edouard GRUNER (1871), ancien président de l'Association, président de Section à la Société des Ingénieurs civils de France, qu'il représentait ; Henry LE CHATELIER (1871), membre de l'Institut, professeur à l'Ecole ; AIMOND (1872), sénateur ; ROUY (1872), ancien président de l'Association ; KUSS (1873), inspecteur général des Mines, représentant M. ZEILLER, vice-président du Conseil Général des Mines, retenu à la chambre ; LALLEMAND (1876), membre de l'Institut, professeur à l'Ecole ; TAUZIN (1876), président de la Société de l'Industrie minérale ; CHESNEAU (1879), sous-directeur de l'Ecole ; WALCKENAER (1879), inspecteur général des Mines, rapporteur de la Commission centrale des machines à vapeur ; TERMIER (1880), membre de l'Institut, professeur à l'Ecole ; WEISS (1888), directeur des Mines au ministère des Travaux Publics ; CHIPART (1893), sous-directeur de l'Ecole des Mines de Saint-Etienne, représentant M. FRIEDEL, empêché ; LEBRUN (1893), député, ancien ministre ; DE WENDEL (1896), député ; BÈS DE BERC (1894), secrétaire du Conseil général des Mines et des *Annales des Mines*.

Assistaient d'autre part au banquet les camarades dont les noms suivent :

MM.		MM.	
ACKERMANN	1889	BARBAROUX	1892
ADENOT	1886	BARTHÉLÉMY	1909
AGUILLON (Jacques)	1901	BEAUGEY	1880
AIMOND	1872	BECQ	1911
AMELIN	1897	BEL	1877
ANGLEJAN-CHATILLON (D')	1910	BELLAN	1897
ANGLÈS D'AURIAC	1895	BELOT	1906
AUBRY	1904	BENOIST (Charles)	1911
BACLÉ	1874	BERGE	1883

MM.	
Bernardy	1911
Berthon	1891
Berton	1907
Bès de Berc	1894
Blandin	1911
Bloche	1880
Boëll	1882
Bollaert le Gavrian	1878
Bonnet	1912
Bonté (Raymond)	1912
Borde	1912
Boucherant	1906
Bouquerel	1893
Bourdoire	1902
Boyer-Guillon	1891
Brion (de)	1912
Cahen (Jean)	1895
Callot	1902
Carlier	1911
Carnot (Adolphe)	1860
Carnot (Ernest)	1888
Chacornac	1892
Chabert	1913 B
Champy	1892
Chapot	1893
Chapuy (Paul)	1884
Chatard	1905
Chatenet	1892
Chesneau	1879
Chevalier	1857
Cheylus	1913 A
Chipart	1893
Claret	1912
Claus	1901
Coignet	1876
Colas des Francs	1913 A
Colmet-Daage	1912
Combe	1897
Constant	1896
Coste	1885
Coupeau	1894
Cuau	1898
Damour (André)	1883
Darré	1911
Daussy	1901
Delafond	1864
Delage (Armand)	1895
Delage (Edmond)	1886
Delaunay	1904

MM.	
Delorthe	1894
Deman	1907
Déramond	1911
Dérué	1897
Destival	1888
Dinoire	1897
Dombre	1898
Doumerc	1868
Ducastaing	1908
Dufour	1885
Dumas	1912
Dupont (Henri)	1904
Dupuis (Edmond)	1865
Ehrhardt	1913 A
Eichthal (d')	1889
Éloy	1909
Engelbach	1883
Eschwége	1882
Etienne	1896
Férasson	1908
Firminhac	1873
Fleury	1898
Florimont	1911
Focqué	1884
Fouquet	1899
Fournial	1913 A
Frois	1894
Frotier de la Messelière	1869
Gauchas	1912
de Gaulle	1909
Georgiadès	1887
Germain	1897
Gilardi	1912
Gillot	1906
Gindre	1904
Girard	1909
Giraudet de Boudemange	1913 A
Glachant (Alexandre)	1890
Gonard	1906
Gouin	1892
Grandel	1894
Grauce	1902
Greslou	1912
Gruner (Edouard)	1871
Guérin (Edmond)	1866
Guerre	1892
Guillet	1901
Guionnet	1895

MM.		MM.	
HELSON (Charles)	1867	MALINOWSKI	1913 A
HERWEGH	1895	MANGIN	1911
HIRTZ	1882	MARIÉ	1892
HUBOU	1875	MARILLIER	1893
HUGON	1878	MARSAUT	1898
HUSSON	1896	MARMOTTAN	1893
IWEINS	1896	MARTY	1902
IZCHAKIN	1898	MASSE (René)	1889
JACOUPY	1885	MAUBERT	1885
JACQUELIN	1898	MAUROY (DE)	1869
JOCHYMS	1913 A	MERLET	1890
JOËSSEL	1894	MERVEILLEUX DU VIGNAUX	1883
KAPFÉRER	1891	METTETAL	1908
KELLER (Jean)	1877	MICAUD	1866
KOLB-BERNARD	1869	MICHALON	1907
KUSS	1873	MICHEL (Léopold)	1867
LABRO	1891	MIGNIOT	1899
LAGNEAU	1890	MOLE	1902
LAHOUSSAY (Louis)	1904	MONIER	1908
LALLEMAND (Charles)	1876	MONTHIERS (Maurice)	1874
LANGROGNE	1907	MONTRICHER (DE)	1866
LANTENOIS	1884	MONREDON (DE)	1912
LARIVIÈRE	1881	MOURRAL	1911
LAROUVERADE (DE)	1896	MUSSAT (Pierre)	1912
LAUNAY (DE)	1881	NIVOIT (Edmond)	1861
LAURENT (Th.	1885	NOBLEMAIRE	1853
LA VALETTE (DE)	1885	NOUEL	1872
LAVAUDEN	1897	OLLIVIER	1894
LAVERGNE	1876	ORFILA	1888
LÉAUTÉ	1905	PAINVIN	1908
LEBRUN	1893	PANASSIÉ	1882
LE CHATELIER (Henry)	1871	PARAF (Emile)	1868
LE CHATELIER (Jacques)	1903	PARAF (Pierre)	1912
LE CHATELIER (Robert)	1906	PASQUET	1890
LECLÈRE (Jean)	1902	PAYELLE	1913 A
LE GOUPILS	1911	PIATON	1875
LEMAIRE	1883	PIGNEL	1891
LEMAY	1906	PITTET	1895
LEMONNIER (Félix)	1890	PLATEAU	1912
LEMONNIER (Paul)	1852	PLICHON (Lucien)	1891
LENCLUD	1895	PLICHON (Maxime)	1888
LEPRINCE-RINGUET	1902	PONTZEN	1902
LÉVY (Auguste)	1877	POULAINE	1877
LÉVY (Lucien)	1888	PRALON	1877
LIVACHE	1866	QUANTIN	1901
LOISY (DE)	1894	QUILLIARD	1900
LONQUÉTY	1881	RAMBACH	1913 B
LUUYT	1880	RATEAU	1883
MAHLER	1881	RÉCOPÉ	1904

MM.		MM.	
Renard (Paul)	1896	Siméon	1908
Regnault	1890	Solages (de)	1912
Renaux	1898	Soras (de)	1892
Retel (Jean)	1905	Soubeyran (Alfred de)	1878
Retel (René)	1912	Soutzo	1913 A
Retz de Serviès (de)	1900	Stein	1904
Reumaux (Elie)	1860	Stévenin	1870
Riva	1912	Stozicky	1908
Rivière	1913 B	Strap (Jules)	1884
Robellaz	1881	Tacquet	1911
Roche-Bruyn	1913 B	Taffanel	1898
Roux de Bézieux	1881	Tauzin	1876
Roux de Bézieux	1913 B	Termier	1880
Rouy	1872	Thomas (Félix)	1899
Rouzière	1900	Tixier (François)	1888
Rovillain	1912	Tonnerieux	1911
Saint-Clivier	1911	Tourres	1913 A
Sainte - Claire - Deville (Emile)	1866	Toussaint	1905
Salathé	1882	Tribot Laspière	1904
Salin (Pierre)	1904	Valentin-Smith	1904
Salmon	1904	Van Brock	1906
Sarrade	1912	Vautherin	1912
Sauvage	1911	Vautier	1883
Sauvestre	1890	Vernejoul (de)	1912
Savignac (Henri de)	1905	Vicaire	1899
Savignac (Louis de)	1870	Voisin	1912
Schlumberger	1901	Walckenaër (Charles)	1879
Sciama	1874	Waymel	1888
Séguenot (Léon)	1904	Weill	1888
Séjournet (Jean)	1902	Weiss	1888
Séjournet (Paul)	1876	Wendel (de)	1896
Sépulchre (Jean)	1895	Wiener	1912

Soit près de 300 Camarades.

Au dessert, M. Baclé se leva et remercia M. Poincaré de l'honneur qu'il avait bien voulu faire à l'Association et à l'Ecole en acceptant de présider cette fête du cinquantenaire. Il en trouva la justification dans l'importance croissante que prend l'industrie minière et métallurgique en France et dans le rôle considérable que sont appelés à jouer de ce fait les anciens élèves de l'Ecole.

M. le Président de la République voulut bien répondre que sa présence ne se justifiait pas seulement par son désir de témoigner son intérêt à l'une des grandes Ecoles de l'Etat, et au corps d'ingénieurs qu'elle a fournis, mais aussi par les liens de famille qui l'attachaient à l'Ecole.

De vifs applaudissements saluèrent ces deux discours, que nous reproduisons plus loin *in extenso*.

M. le président de la République se retira à 2 heures 3/4, avec le même cérémonial et les mêmes acclamations qu'à l'arrivée. De nombreux cris de « Vive la France ! Vive l'armée ! Vivent les trois ans ! » saluèrent particulièrement en lui l'un des promoteurs de notre nouvelle loi militaire et marquèrent une fois de plus avec quelle joie patriotique elle a été accueillie dans le pays.

A l'issue du banquet, M. Chapot se tenait à l'amphithéâtre A pour la signature des permis de retour des camarades venus de la province ou de l'étranger ; notre Association, en effet, avait obtenu des grandes Compagnies de chemins de fer, pour les adhérents aux fêtes du Cinquantenaire, une réduction de 50 0/0 sur le prix des billets.

La visite au cercle des élèves. — Enfin, après le banquet, eut lieu la petite réception organisée par les élèves à l'Ecole, dans leur cercle, qui comprend : une bibliothèque, bien montée en livres et en journaux et revues périodiques ; une salle de conférences ; et une petite salle de réunion, pour la Commission des élèves. Le tout est confortablement meublé, éclairé et chauffé. Et les « clients » y trouvent en outre des consommations diverses (café, thé, bière, etc.).

Bien des anciens furent étonnés de trouver ainsi, dans l'Ecole même, ce coin confortable où les jeunes passent tant de bonnes heures de délassement et où s'ébauchent tant d'amitiés précieuses.

Fondé pendant l'hiver 1907-08 et installé dans un local gracieusement prêté par la direction de l'Ecole, le cercle n'est pas seulement un asile d'agrément ; il est aussi devenu, comme nous l'avons dit plus haut, un organe d'études, par les conférences qui y sont régulièrement données, le mardi soir, de novembre à mai, et qui sont suivies par un grand nombre d'élèves.

Certains élèves prennent eux-mêmes la parole et s'exercent ainsi à l'art difficile d'exposer un sujet. Ainsi s'affirme sous une forme bien personnelle la tradition constante de l'Ecole, visant surtout à l'instruction générale et cherchant à éviter l'étroite spécialisation qui dessèche l'intelligence et appauvrit l'esprit.

La vie militaire à l'Ecole. — La vie militaire à l'Ecole, instaurée par la loi de 1905, était demeurée tout à fait insoupçonnée par beaucoup d'anciens, qui en étaient restés au régime des promotions d'autrefois. Au lieu d'exiger simplement des élèves à l'Ecole une année de présence sous les drapeaux comme simples soldats et de leur laisser ensuite la faculté d'être ou non officiers de réserve, la loi de 1905 leur a imposé, avec deux années de service comme pour tous les Français, l'obligation d'être officiers de réserve. Elle a ainsi utilisé, pour le grand bien de l'armée, la remarquable formation intellectuelle de nos jeunes élèves et leur solide instruction scientifique et a fait de ces jeunes gens des officiers d'artillerie de premier ordre. Ils constituent d'excellents cadres d'officiers de réserve, appoint précieux pour la formation de nos unités de complément en cas de guerre.

En général, les élèves accomplissent leur première année de service comme simples soldats, dès leur admission à l'Ecole, puis suivent leurs trois ans de cours et reviennent au régiment passer leur seconde année de service, mais cette fois comme sous-lieutenants.

Les résultats obtenus, militairement parlant, ont été excellents, et les rapports établis sur les élèves de l'Ecole par les généraux inspecteurs sont unanimement des plus flatteurs : nos jeunes camarades se sont toujours fait remarquer par leur entrain, leur discipline et leur excellent esprit et entretiennent avec leurs camarades polytechniciens de l'active les rapports tout de cordialité que justifie l'identité de recrutement et de formation. Comme témoignage de satisfaction, le ministre de la guerre a accordé à deux élèves la faveur d'accomplir leur deuxième année de service dans les batteries à cheval (rattachées aux divisions de cavalerie) qui sont, comme on le sait, tout particulièrement recherchées.

Cette solide instruction militaire a une autre utilité, c'est celle de donner à ces jeunes gens la double habitude de l'obéissance eu du commandement, de les initier à la difficile pratique des hommes. Elle en fait aussi des débrouillards et des sportifs, toutes qualités qui sont précieuses pour de futurs hommes d'action.

Peu de jours avant les fêtes du Cinquantenaire, le général

Perruchon, inspecteur des écoles d'artillerie, avait fait passer l'examen militaire de la promotion sortante, et les anciens ne furent pas peu surpris de voir, sur les photographies prises à cette occasion et exposées dans la galerie d'entrée, la crâne allure de nos trente nouveaux ingénieurs, groupés autour des quatre pièces de 75 et d'un 120 long, qu'ils commandaient tour à tour. Nous sommes heureux de reproduire ci-contre cette scène pittoresque qui fera connaître un aspect inédit et nouveau du vieux chemin de ronde de l'Ecole.

UN ASPECT DE L'ÉCOLE INCONNU IL Y A CINQUANTE ANS

**Inspection militaire de la promotion sortante,
passé par le général Perruchon, quelques jours avant la célébration
de la fête du cinquantenaire de l'Association.**

INTERROGATIONS INDIVIDUELLES

MANŒUVRE D'ENSEMBLE D'UNE BATTERIE DE 75

TEXTES DES DISCOURS

PRONONCÉS PAR

MM. Raymond POINCARÉ, Président de la République,

Louis BACLÉ, Président de l'Association,

Gabriel CHESNEAU, Sous-Directeur de l'École

et l'Abbé Henry DU PASSAGE

DISCOURS INAUGURAL

DE M. BACLÉ

Prononcé à la Séance d'ouverture des Fêtes

le 12 juin 1914

Mesdames, Messieurs et Chers Camarades,

Nous sommes aujourd'hui réunis pour commémorer le souvenir de la création de notre Association Amicale fondée en 1864 par un groupement de camarades, la plupart frais émoulus de l'Ecole, qui associaient alors leurs efforts généreux dans le but de réaliser cette œuvre d'assistance mutuelle dont ils pressentaient déjà le rôle bienfaisant et nécessaire dans l'avenir.

Ils étaient un tout petit nombre, une dizaine seulement ; ils avaient à lutter contre toutes sortes de difficultés provoquées surtout par l'indifférence générale ; mais ils surent en triompher par leur foi persévérante, ils montrèrent en même temps par leur exemple les services que l'Association ainsi fondée pouvait rendre à tous, et dont le moindre n'était pas de rappeler à tous nos camarades les sentiments d'amicale solidarité qui doivent toujours les inspirer, quelles que soient leur carrière et leur situation présente. Ils contribuèrent en outre pour une large part à élever encore le prestige et l'autorité morale de notre Ecole, dans laquelle nous voyons tous, et avec tant de raison, notre patrimoine commun, et nous ne saurions leur en conserver trop de gratitude.

Les adhésions vinrent lentement ; dix ans après, en 1874, l'Association comptait seulement 341 membres, mais peu à peu elle prit ensuite son essor, et aujourd'hui, après cinquante années, elle réunit 1,200 membres, représentant plus de la moitié de nos camarades vivants.

Cinquante années, c'est peu de chose sans doute, à peine la durée éphémère de l'instant qui passe, ou de l'éclair fugitif qui sillonne l'horizon, devant ces périodes géologiques que nous sommes habitués à considérer lorsque nous abordons l'histoire de la terre ; mais c'est une longue étape dans la vie humaine, et bien peu nombreux sont aujourd'hui ceux de nos camarades qui furent les contemporains des fondateurs.

Cette date de 1864 coïncide en même temps avec le cinquantenaire du retour à Paris de notre Ecole, qui avait été transportée, comme vous savez, pendant les premières années du siècle dernier, à Pesey, auprès d'Albertville, en Savoie, et qui fut ramenée à Paris en 1814, d'abord à l'Hôtel de Mouchy, puis, l'année suivante, à l'Hôtel Vendôme, qu'elle occupe encore actuellement.

Nous avons pensé, et vous avez tous estimé de commun accord avec nous, qu'il convenait de célébrer pour ainsi dire les noces d'or de notre Association Amicale par une manifestation spéciale destinée à commémorer le souvenir de sa fondation.

Nous avons donc institué ces fêtes, qui nous fournissent en même temps l'occasion de revoir notre Ecole, de retrouver des camarades dont nous étions séparés, de revivre avec eux pendant quelques heures les souvenirs communs d'une jeunesse évanouie depuis longtemps peut-être, et qui sont d'autant plus doux au cœur. Et comme ce cinquantenaire écoulé a réalisé dans nos mœurs, par le merveilleux essor industriel qu'il a provoqué, des transformations profondes, qui en font peut-être l'époque la plus curieuse dans l'histoire de l'humanité, nous avons pensé qu'il convenait d'en dresser le bilan, en nous attachant spécialement aux sciences naturelles et aux industries qu'étudie notre Ecole, et en mettant en relief la part due à nos camarades dans ces progrès industriels qui font l'admiration et l'étonnement de nos contemporains un peu âgés.

C'est ainsi que nous allons constituer le Livre d'Or du Cinquantenaire, en y réunissant les études fournies sur les diverses industries par des camarades autorisés, de même que les conférences qui vont nous être faites par nos maîtres éminents, membres de l'Institut.

En attendant la publication de ce livre d'Or, et avant de vous parler aujourd'hui de l'histoire de notre Association, je voudrais tout d'abord rappeler brièvement devant vous la part qui revient à notre Ecole, et aux élèves qu'elle a formés, dans la réalisation de ces progrès scientifiques ou industriels, en m'attachant à ces trois industries qui nous intéressent particulièrement : la métallurgie, l'exploitation des mines et l'utilisation des dérivés de la houille, la mécanique et les moyens de transport.

Cette merveilleuse expansion industrielle qui a caractérisé la seconde moitié du siècle dernier a été en effet provoquée avant tout par les transformations si profondes qu'ont subies elles-mêmes ces industries primordiales, qui fournissent aux autres leurs matières premières ou leurs moyens d'action nécessaires, et, comme ces industries sont précisément celles qu'étudie notre Ecole, pour lesquelles elle s'est même spécialisée, on ne saurait s'étonner que les ingénieurs qu'elle a formés aient pris une part bien souvent prédominante et quelquefois même glorieuse dans les progrès techniques que ces industries ont réalisés.

Tout d'abord, la métallurgie devait être, comme nous le disions, le principal facteur du développement grandiose que les industries les plus diverses allaient recevoir, car elle fournit à chacune le métal nécessaire, l'outil approprié dont elle a besoin.

LA SIDÉRURGIE

Au début du cinquantenaire que nous étudions, la sidérurgie venait déjà de subir une première évolution, qui l'avait profondément transformée, par la fabrication de la fonte au coke et du fer puddlé ; elle prenait même un développement inattendu, qui cependant n'était encore que le prélude du magnifique essor qu'elle allait recevoir bientôt.

Elle vit alors apparaître en effet presque simultanément deux procédés nouveaux, permettant de réaliser la fusion de l'acier en grandes masses, soit dans la cornue Bessmer, soit dans le laboratoire du four Martin, et, grâce à eux, elle obtint pour la première fois un métal fondu complètement homogène, exempt des scories qui souillaient toujours le fer puddlé, et elle apprit peu à peu à en modifier les propriétés suivant les besoins.

Elle put en outre préparer ce métal dans des conditions particulièrement économiques, en décuplant sa production, et elle réussit ainsi à mettre à la disposition de toutes les industries l'outil approprié qui allait assurer leur essor. Si nous songeons que le *métal fondu* constituait bien, dans toute la force du terme, *un métal nouveau*, et si nous nous rappelons que les grandes périodes de l'histoire de l'humanité sont caractérisées par les outils ou les métaux qu'elle a employés successivement, nous pouvons dire, pour montrer toute l'importance de cette révolution, dont les répercussions devaient s'étendre bien au delà de l'industrie métallurgique, que l'invention du métal fondu forme en réalité le point de départ d'un âge nouveau, qui est venu mettre fin à l'âge de fer proprement dit.

Et, en considérant ces répercussions infinies que l'apparition du métal fondu a entraînées avec elle, nous reconnaîtrons en effet que l'expression n'est pas trop forte, car c'est ce métal qui a été déjà le principal facteur du développement des chemins de fer, et qui, par eux, a provoqué indirectement toutes les transformations qui en sont résultées dans la vie matérielle et morale de nos contemporains.

Pour ce qui concerne la construction des voies ferrées, par exemple, observons déjà que les rails en fer puddlé qu'on produisait auparavant s'usaient avec une rapidité excessive, par exfoliation ou autrement ; ils devaient être remplacés à grands frais au bout de quelques années seulement, et la production, nécessairement limitée, des forges alors existantes restait absorbée jusque-là par la seule fourniture des rails de remplacement sur les premières lignes construites, si bien qu'il était impossible de songer à en établir de nouvelles. L'invention du métal fondu a tout transformé, car elle a donné au constructeur de la voie, en grande abondance et à un prix toujours décroissant, des rails qui s'usent avec une régularité parfaite sur toute leur longueur, d'une façon presque insensible et sans exfoliation locale.

La production de l'acier fondu dans le four à sole a été réalisée pour la première fois en 1866, presque en même temps que dans la cornue Bessmer, et je n'ai pas besoin de vous rappeler le nom du créateur de l'acier sur sole, notre illustre camarade Pierre Martin, dont nous sommes heureux de saluer la verte et robuste vieillesse. Nous unissons en même temps nos hommages à ceux que le Comité des Forges de France lui adressait en 1910, au nom des métallurgistes du monde entier, par la voix de notre éminent camarade M. H. Le Chatelier, dont le père, M. l'inspecteur général Louis Le Chatelier, avait été le précurseur de M. Pierre Martin. Le Comité des Forges, tenant à perpétuer le nom de l'inventeur du procédé de fusion de l'acier au four à sole, attribuait en outre le nom de Pierre Martin à la bourse qu'il voulait bien accorder à notre Ecole pour contribuer à l'enseignement de nos jeunes camarades, parmi lesquels nos grandes Sociétés métallurgiques savent qu'elles recruteront avantageusement leurs futurs collaborateurs.

A la suite des procédés Bessmer ou Martin-Siemens pour la préparation de l'acier fondu, une autre invention, non moins importante, est apparue quelques années après, vers 1878, et elle a entraîné, dans la répartition géographique de la sidérurgie française, une transformation profonde, qui s'accentue tous les jours davantage ; c'est la création du procédé basique, qui a permis de traiter utilement les minerais phosphoreux, dédaignés jusque-là ; elle a provoqué en effet l'exode de la métallurgie vers la région de l'Est, et celle-ci est devenue maintenant la grande productrice de métal, aux dépens des anciennes usines de la Loire et du Centre, qui ont dû renoncer peu à peu à la fabrication des produits purement commerciaux.

Le procédé basique nous est venu d'Angleterre, apporté par Thomas et Gilchrist, mais nous avons cependant le droit de le revendiquer aussi pour l'un des nôtres, et de rappeler que notre éminent camarade, M. l'inspecteur général Louis GRUNER, dont le nom respecté est resté cher à chacun de nous, indiquait déjà en 1867, à propos du procédé Heaton, que, pour éliminer le phosphore, il fallait recourir à l'emploi de scories basiques dans des fours à parois non siliceuses, et plus tard, en 1875, il mentionnait expressément la dolomie, indiquant ainsi par avance la solution que Thomas et Gilchrist devaient réaliser bientôt après.

Rappelons également que Louis GRUNER a fait aussi, sur le régime des Hauts Fourneaux, des études qui n'ont pas été moins fécondes en résultats pratiques ; il a enseigné en effet l'art de dresser le bilan de la marche des fours, tant au point de vue des produits gazeux que des matières solides ; il a montré l'importance qui s'attache à observer des rapports déterminés entre les proportions d'oxygène et d'acide carbonique, expliqué l'influence des profils des fours, etc... ; il a fourni ainsi les éléments dont nos camarades praticiens se sont inspirés pour améliorer les conditions de marche des fourneaux et en augmenter la production, de sorte que celle-ci s'est trouvée à peu près quadruplée depuis 1870, car elle était limitée alors à 70 tonnes environ et elle peut atteindre aujourd'hui facilement 300 tonnes par jour.

D'une façon générale, dans la production de l'acier fondu, les praticiens furent rapidement amenés à reconnaître que les propriétés des nouveaux métaux qu'ils obtenaient ainsi se trouvaient profondément affectées par des variations pourtant insignifiantes en apparence des éléments étrangers qu'ils pouvaient contenir, comme le carbone, le soufre et le phosphore. C'était là qu'il fallait chercher le plus souvent l'explication vraie des propriétés dites aciéreuses des minerais provenant de certaines régions déterminées, aussi bien que de ces tours de main, de ces insuccès restés mystérieux, qui faisaient l'orgueil ou le désespoir des anciens forgerons.

Il fallait donc avant tout éclairer la fabrication en analysant le métal et en s'attachant à y déterminer les proportions des corps étrangers, souvent inférieures au dix-millième. C'était dès lors l'avènement des méthodes scientifiques dans la forge, l'introduction du laboratoire, considéré désormais comme le guide et le collaborateur nécessaire de la fabrication. Nos camarades, préparés par notre Ecole à l'application de ces méthodes scientifiques, y trouvaient l'emploi obligé de leurs connaissances spéciales, et nous voyons ainsi leur nombre aller continuellement en augmentant dans toutes les grandes forges. L'usine de Terrenoire en a compté à la fois jusqu'à douze, qui presque tous ont marqué leur passage par les progrès techniques qu'ils ont su réaliser.

Et, puisque nous parlons d'analyse chimique, vous me permettrez de rappeler ici la part prédominante qu'a prise, dans l'étude de cette science de la docimasie et dans la détermination des méthodes d'essai les mieux appropriées, l'un des anciens directeurs de notre Ecole que nous sommes si heureux de retrouver toujours au milieu de nous, le vénéré M. Adolphe Carnot, qui porte si dignement l'héritage d'un nom glorieux.

Ces études scientifiques ont été poussées plus loin encore, et, après l'analyse chimique du métal, on est arrivé, par l'emploi du microscope, à scruter sa constitution intime, à montrer comment elle se rattache à l'élaboration antérieure que le métal a subie, dont elle conserve la trace permanente, et ainsi l'observation microscopique est venue à son tour réclamer sa place dans l'usine pour guider la fabrication.

A côté de l'examen physique, apparaissent également les essais de toute nature, spécialement les épreuves mécaniques destinées à permettre d'apprécier les propriétés des métaux fabriqués, dont les qualités ne sont plus garanties à l'avance par la provenance des matières employées.

C'est ainsi que les laboratoires d'essais chimiques ou mécaniques, puis physiques ou même électriques, viennent s'installer dans la forge, ou plutôt la forge devient elle-même un laboratoire agrandi, dont toutes les opérations sont analysées, mesurées dans tous leurs détails, et là encore nous retrouvons l'action éclairée de nombreux camarades, dont les efforts concourent à réaliser ces progrès. Je ne saurais les citer tous, mais vous ne me pardonneriez pas si j'omettais d'évoquer ici le nom de l'éminent professeur de notre Ecole qui a contribué pour une large part à ces progrès, d'abord par l'invention de son pyromètre, puis par le développement qu'il a su donner à la métallographie microscopique dans laquelle il s'est révélé un maître incontesté, et nous pouvons dire que l'autorité qu'il s'est acquise est unanimement reconnue en France et à l'étranger. Nous aurons le plaisir de l'entendre tout à l'heure dans la conférence qu'il veut bien nous faire sur cette science de la métallographie qu'il a contribué à créer ; je l'en remercie à l'avance en votre nom et je suis certain d'être votre interprète à tous en disant à M. Henri Le Chatelier combien nous lui sommes reconnaissants de l'éclat qu'il jette ainsi sur notre Ecole, et combien nous sommes fiers de le compter dans nos rangs.

Les recherches savantes que nous venons de rappeler ont amené dans la pratique les résultats les plus féconds ; elles ont servi en effet de point de départ pour la fabrication de ces aciers spéciaux, dont la découverte apporte encore, chaque jour, à la mécanique moderne, des applications de plus en plus merveilleuses.

Ce sont d'abord les engins militaires qui requièrent en effet des métaux doués de qualités exceptionnelles, souvent contradictoires, de dureté ou de ténacité, de légèreté, de résistance ou de malléabilité. Pour satisfaire aux exigences de cette lutte éternelle de l'attaque et de la défense, qui se poursuit sans répit depuis l'origine de l'humanité, la métallurgie a entrepris, à grands frais, ces études savantes, qui lui ont permis d'obtenir régulièrement ces produits supérieurs, et les sacrifices qu'elle s'est imposés n'ont pas été inutiles, car ces métaux trouvent maintenant leur application nécessaire dans ces industries nouvelles qui n'auraient pu naître sans eux ; c'était hier l'automobilisme, qui a pris en quelques années, grâce à eux, le développement prestigieux auquel nous assistons ; c'est aujourd'hui l'aviation, qui vient en quelque sorte réaliser sous nos yeux les rêveries irréalisables des âges passés. Ce sont les aciers à coupe rapide qui ont décuplé la puissance de nos machines-outils, ou encore des aciers répondant à certaines conditions déterminées, exempts de magnétisme par exemple, ou possédant un coefficient de dilatation rigoureusement égal à celui de certains autres corps, comme le verre ou le platine, ou même complètement nul comme le métal *invar*, et qui, à des titres divers, rendent aujourd'hui des services si appréciés dans les travaux industriels et dans les recherches scientifiques les plus délicates.

EXPLOITATION DES MINES ET UTILISATION DE LA HOUILLE

En même temps que la sidérurgie dont nous venons de parler, l'art de l'exploitation des mines a subi au cours du cinquantenaire écoulé des modifications profondes, et si nous reportions la comparaison avec la période de début de la seconde moitié du siècle dernier, en remontant plus en arrière de quelques années seulement, nous pourrions même dire que ces modifications ont été plus radicales peut-être encore que celles qui ont transformé la préparation et le travail du fer.

Pour nous en tenir seulement à ce qui concerne l'extraction de la houille, nous observons immédiatement en effet des différences si marquées qu'on pourrait presque dire qu'il s'agit maintenant d'une industrie complètement nouvelle, n'ayant plus rien de commun avec celle qui était pratiquée alors.

L'exploitation restait limitée en effet aux gisements qu'on pouvait atteindre par des galeries sortant à flanc de coteau ; les puits d'extraction n'étaient employés que fort rarement et n'avaient jamais qu'une profondeur très limitée ; ils étaient desservis le plus souvent par de simples manèges à chevaux. L'abatage se faisait exclusivement à la main, et le transport à dos d'hommes venait à peine de disparaître pour être remplacé par la traction animale. L'emploi des lampes de sûreté commençait bien à se répandre, mais aucune disposition n'était prise pour assurer le renouvellement de l'air dans la mine. Aussi, dans de pareilles conditions, le champ d'extraction était-il nécessairement fort limité, atteignant au plus 3 à 4 hectares, et il en était de même de la production journalière qui, dans les circonstances les plus favorables, ne dépassait guère 100 tonnes environ. Nous pouvons du reste nous faire une idée de l'état de l'industrie à cette époque par les mines d'anthracite qu'on rencontre aujourd'hui disséminées sur les flancs des montagnes, dans les gorges des Alpes et des Pyrénées, et qui nous fournissent, en quelque sorte, suivant l'expression si frappante de M. l'inspecteur général L. Aguillon, des modèles pour une exposition rétrospective de l'art des mines.

Cette situation archaïque se modifia rapidement, à mesure que les grandes industries primordiales de la mécanique et de la métallurgie, et surtout des moyens de transport, progressaient de leur côté. Elles mirent en effet à la disposition de l'industrie minière des machines bien appropriées, toujours plus puissantes, pour toutes les applications qu'elle avait en vue, — fonçage des puits, extraction, épuisement, aérage, roulage, abatage, etc..., — en même temps qu'elles assuraient aux produits de l'extraction des débouchés toujours croissants. Les progrès ainsi réalisés dans l'art de l'exploitation des mines ont donné à leur tour, par une répercussion obligée, un essor nouveau aux industries qui les avaient suscités à leurs débuts, et, lorsqu'il fut bien démontré que la houille était pour les industries de toute nature et dans toute la force du terme l'aliment nécessaire, les demandes de charbon s'accrurent avec une rapidité vertigineuse, dépassant constamment la production trop souvent impuissante à les satisfaire.

Devant ces besoins toujours croissants, l'industrie minière dut transformer complètement ses méthodes de travail, creuser d'abord à grands frais des puits, qui descendirent peu à peu jusqu'à 800, 1,000 mètres, et même au delà, en traversant les terrains les plus difficiles, assurer l'épuisement des venues d'eau, pousser l'extraction sur des superficies toujours croissantes, atteignant maintenant des centaines d'hectares, assurer, par des moyens toujours plus rapides et puissants, le transport mécanique et l'extraction au jour des quantités de houille journellement abattues, dont le tonnage peut atteindre aujourd'hui, pour un puits unique, 1,500 tonnes, par exemple, soit quinze fois celui qu'on obtenait il y a soixante ans.

Il fallait en même temps réunir un nombre d'ouvriers toujours plus élevé pour cette exploitation intensive, prendre toutes les dispositions nécessaires pour les descendre rapidement et sans danger, les amener jusqu'au front de taille, garantir leur bien-être et leur sécurité, combattre l'élévation de température des grandes profondeurs, assurer l'aérage nécessaire dans tous les puits de la mine, prévenir dans la mesure du possible ces explosions grisouteuses qui deviennent d'autant plus désastreuses que la profondeur et la superficie de la mine sont elles-mêmes plus considérables.

De pareils problèmes soulevaient évidemment des difficultés techniques de toute nature, dont la solution exigeait des connaissances scientifiques toujours plus étendues, et c'est l'honneur des ingénieurs d'avoir réussi à les résoudre et d'avoir su développer la production, comme nous venons de le dire, tout en augmentant d'autre part la sécurité, si bien qu'en mettant à part les grandes catastrophes, qui deviennent d'ailleurs de plus en plus rares, on peut dire qu'aujourd'hui l'industrie minière n'est pas plus meurtrière qu'aucune autre industrie mécanique. Faut-il rappeler que ce travail des mines était considéré dans l'antiquité et qu'il est resté à travers l'histoire comme une véritable Géhenne, un avant-goût de l'enfer, réservé aux criminels ou aux damnés de la vie, et voici que ces progrès techniques, que nous venons de rappeler, l'ont complètement transformé maintenant, en le dépouillant de ce cortège d'images terrifiantes, et ils lui ont assuré en même temps une sécurité et des avantages matériels que les autres industries ne donnent pas toujours. Il y a mieux encore, car les ouvriers mineurs ont recueilli presque intégralement les bénéfices résultant de ces progrès techniques, puisque leur salaire a été plus que triplé pour les ouvriers du fond, passant de 2 francs à 6 francs et au delà, pendant que le prix de revient de la tonne de charbon extraite restait à peu près le même.

Il ne m'appartient pas d'exposer en détail dans ce résumé sommaire les dispositions techniques auxquelles nos ingénieurs ont eu recours pour réaliser ces progrès si impressionnants et assurer surtout la sécurité de l'exploitation qui en forme certainement le principal facteur, mais vous me permettrez cependant de rappeler tout au moins en principe les mesures qui ont été successivement prises pour en atténuer les dangers, car la plupart d'entre elles ont été inspirées par des études théoriques et des expériences pratiques, dues en grande partie à des ingénieurs formés par l'enseignement de notre Ecole.

C'est d'abord cette question capitale de l'aération, si magistralement étudiée par M. Combes, qui avait déjà montré dès 1850 la nécessité de recourir aux ventilateurs mécaniques, sans lesquels l'exploitation intensive pratiquée depuis fût restée une impossibilité, et qui a fixé en outre les lois de ce problème si ardu de la production et de la distribution de l'aérage dans les mines.

Vient ensuite la découverte des explosifs de sûreté qui se

rattache plus spécialement à la période cinquantenaire que nous étudions, et qui contribua pour une si large part à prévenir les explosions si terribles du grisou et à atténuer par là-même ce danger toujours imminent dans certaines mines de houille. Les études théoriques poursuivies à partir de 1877 par M. l'Inspecteur MALLARD, alors professeur à l'Ecole des Mines, en collaboration avec M. H. LE CHATELIER, devenu aujourd'hui lui aussi l'un de nos maîtres les plus éminents, apportèrent un jour nouveau et inattendu sur ce phénomène de l'explosion du grisou qui, dans sa brusque violence, paraît au premier abord défier toute observation numérique ; elles en fixèrent ainsi les conditions nécessaires, comme la température d'inflammation du gaz, voisine de 650°, les limites d'inflammabilité, etc., et elles établirent enfin ce fait essentiel du retard à l'inflammation dont les auteurs tirèrent bientôt après si heureusement parti dans la création d'un explosif de sûreté.

Alors en effet que la température de détonation de tous les explosifs est supérieure à 650° et paraît à ce titre entraîner forcément l'inflammation du grisou, ils montrèrent qu'il est possible cependant de prévenir celle-ci en combinant un explosif dont la température de détonation est assez réduite pour que, sous l'influence de la détente et du travail effectué, elle s'abaisse au-dessous de 650° pendant la période de retard à l'inflammation.

Le problème ainsi posé trouva une solution pratique dans la combinaison de l'azotate d'ammoniaque avec les corps habituellement employés, et l'explosif de sûreté qui en résulta devint rapidement obligatoire dans les mines grisouteuses, dont il contribua pour une large part à diminuer les dangers.

Signalons enfin les études plus récentes sur les conditions de propagation des inflammations de poussières de houille dans les galeries de mines, qui sont considérées par de nombreux ingénieurs compétents comme étant souvent aussi dangereuses que les explosions de grisou. Celles-ci ont été étudiées par M. l'ingénieur TAFFANEL, dans la station d'essai créée à cet effet à Liévin, et les recherches de notre distingué camarade ont permis également de formuler les lois de ce phénomène et d'en tirer des conclusions pratiques particulièrement intéressantes. Elles ont montré par exemple que des barrages partiels formés d'une simple nappe d'eau ou de matériaux meubles et incombustibles peuvent arrêter complètement la propagation de l'incendie dans les galeries, car ces matériaux se trouvent alors soulevés en masse par les ondes gazeuses qui précèdent et accompagnent la flamme, et ils présentent ainsi un tel excès de surfaces réfrigérantes qu'ils refroidissent le courant de gaz enflammés, de sorte que cet obstacle, si fragile en apparence, réussit néanmoins à empêcher la propagation de la combustion.

Si les méthodes d'extraction de la houille ont subi au cours du cinquantenaire écoulé, ainsi que nous venons de le rappeler, des transformations profondes qui ont complètement révolutionné cette industrie, il me faudrait ajouter encore, pour compléter ce rapide aperçu, que les procédés d'utilisation du précieux combustible minéral ont éprouvé de leur côté une transformation plus radicale encore, si bien qu'on peut dire qu'ils constituent maintenant des industries nouvelles, complètement indépendantes, susceptibles d'un développement presque indéfini, et qui comptent aujourd'hui parmi les manifestations les plus importantes de l'activité nationale.

L'analyse chimique est venue en effet scruter la houille dans sa constitution intime, et elle a montré que le combustible minéral n'est pas seulement précieux par le charbon qu'il contient et qui en fait le pain quotidien de l'industrie, mais qu'il l'est encore autant peut-être par tous les hydrocarbures qui s'y rencontrent à côté du charbon proprement dit, car ces composés de formation si complexe permettent aujourd'hui de tirer de la houille une infinité de produits dérivés doués des propriétés les plus inattendues et susceptibles des applications les plus variées. Ce sont d'abord les matières colorantes de toutes nuances que la chimie a réussi à en extraire et qui ont pu refouler peu à peu, puis éliminer tout à fait les couleurs d'origine organique, écrasées tour à tour sous cette concurrence imprévue. Plus tard, cette même science a su y découvrir encore certains dérivés ammoniacaux ou des composés nitrés qui jouent maintenant un rôle capital dans la fabrication des explosifs, pendant que les théories de la mécanique moderne montraient de leur côté le parti vraiment merveilleux qu'il est possible de tirer des gaz provenant de la distillation de la houille. Devant ces résultats inattendus, vous comprenez dès lors qu'on ait pu dire sans exagérer trop le paradoxe que les produits les plus intéressants de cette opération de la distillation, ce sont désormais les gaz et ces résidus complexes qu'on abandonnait autrefois comme des déchets sans valeur, et c'est au contraire le coke lui-même qui devient maintenant le produit accessoire.

Il ne m'appartient pas de développer ici dans leur complexité merveilleuse les répercussions profondes que ces visions nouvelles ont exercées et exerceront certainement encore davantage dans l'avenir sur les industries les plus éloignées en apparence de notre industrie houillère ; mais il me sera permis de dire que là encore nos camarades spécialistes ont su trouver l'application de leurs connaissances variées de mineurs, de mécaniciens ou de chimistes, et collaborer par suite dans une large mesure aux études et aux recherches multiples qu'ont exigées ces industries nouvelles. Vous trouverez du reste une étude complète à ce sujet dans le travail que notre éminent camarade, directeur général des Mines de Lens, M. REUMAUX, veut bien consacrer pour notre Livre d'Or à l'exposé de ces progrès, dont il a été pour son compte l'un des principaux artisans.

Je n'ai pas besoin d'ajouter d'ailleurs que le Comité des houillères a tenu de son côté, comme l'avait fait le Comité des Forges, à reconnaître aussi l'intérêt qu'il attache avec tant de raison au bon recrutement et à l'instruction technique de nos jeunes camarades, dans lesquels il voit ses futurs collaborateurs ; il a bien voulu, en effet, accorder à notre Association Amicale une subvention spéciale dont nous disposons après entente avec la direction de l'Ecole.

Puisque nous venons de faire allusion à la chimie organique en parlant de l'utilisation des dérivés de la houille, je ne saurais omettre de rappeler à cette occasion le nom du grand savant Auguste LAURENT qui en fut l'un des fondateurs, car il fut élève de notre Ecole, et c'est précisément en étudiant la composition de la houille, qu'il fut amené à poser les premiers principes de cette science nouvelle qu'il détacha de la chimie minérale.

Sans doute A. LAURENT n'appartient pas à cette période cinquantenaire puisqu'il est décédé en 1853 ; mais on peut dire toutefois qu'il a été l'inspirateur des découvertes que nous venons de rappeler.

Au cours de ses savantes études sur les goudrons dérivés de la houille, dont il s'attachait à isoler les principaux composants, il réussit le premier en effet à montrer qu'il était possible d'y retrouver ces matières colorantes si recherchées, comme le rouge de la garance ou le bleu de l'indigo, qui avaient toujours été tirées jusque-là de produits purement organiques.

Par cette découverte inattendue, dont les applications fécondes se multiplient tous les jours sous nos yeux, M. A. LAURENT a montré une fois de plus toute l'importance des conséquences pratiques que les recherches désintéressées de la science pure peuvent entraîner avec elles ; il a ainsi illustré son nom comme créateur d'une grande industrie, et c'est avec une légitime fierté que nous le retenons dans la liste de nos camarades les plus éminents.

Je ne veux pas insister davantage sur cet exposé déjà trop long de l'œuvre ainsi accomplie dans le cinquantenaire écoulé, pour l'extraction de la houille ou l'utilisation de ses dérivés.

Revenant maintenant à l'industrie houillère proprement dite pour terminer cet exposé déjà trop long, je crois pouvoir dire d'une façon générale que vous serez d'accord avec moi pour estimer que nos camarades peuvent revendiquer légitimement une large part de ces progrès, car leur collaboration féconde y a grandement contribué.

Qu'il me soit permis d'ajouter encore, à un autre point de

vue, que, si les ingénieurs n'ont pas encore réussi à supprimer tout à fait ces terribles explosions qui viennent parfois ensanglanter nos mines, ils sont parvenus néanmoins à en diminuer grandement la fréquence ; et, toutes les fois qu'elles se sont produites, nos camarades, ingénieurs au Corps ou exploitants, ont toujours su payer de leur personne et faire face au danger commun, montrant ainsi à leurs collaborateurs ouvriers qu'ils savent rester solidaires avec eux jusque devant le danger et devant la mort, comme c'est le devoir du chef digne de ce nom.

Plusieurs d'entre eux ont ainsi succombé, victimes de leur dévouement, et nous conservons leurs noms avec une légitime fierté, comme ceux de héros dont l'exemple doit inspirer les générations futures.

LA MECANIQUE ET LES CHEMINS DE FER

Pour terminer cette énumération trop longue, vous me permettrez de dire encore quelques mots des transformations qu'ont subies, au cours du cinquantenaire, les industries mécaniques et les moyens de transport, car ce sont celles qui ont le plus frappé nos contemporains.

Ils ont vu la machine à vapeur s'installer en maîtresse incontestée dans les industries les plus diverses, dont elle décuplait la puissance et les moyens de production. Elle a pu en effet transformer, en quelques années, sous leurs yeux, les conditions du travail individuel dans les petits ateliers, que nos pères avaient seuls connus jusque-là ; de même elle a révolutionné l'industrie des transports de terre et de mer lorsqu'elle a créé les chemins de fer et la navigation à vapeur.

Ce faisant, elle transformait radicalement les conditions économiques de la vie contemporaine, ouvrant ainsi pour ainsi dire à chaque industrie des débouchés illimités dans des régions qu'elle ne pouvait atteindre auparavant, mais aggravant en même temps la concurrence inévitable contre laquelle celle-ci devait lutter

Cette invasion triomphante de la mécanique arriva rapidement à modifier l'organisation industrielle, en provoquant la création de ces grandes usines desservies par des moteurs de plus en plus puissants, réunissant un personnel ouvrier toujours plus nombreux, et dès lors elle vint soulever, pour l'organisation de la main-d'œuvre, des problèmes d'un ordre complètement nouveau, dont la solution devient tous les jours plus difficile.

Il s'agit en effet d'une transformation, non seulement industrielle, mais en même temps sociale, qui apporte en outre sa répercussion morale non moins profonde sur la civilisation contemporaine. Pour tout dire en un mot, il semble que l'histoire elle-même est entraînée désormais dans cette course vertigineuse qui caractérise maintenant la vie de nos contemporains, qu'elle est montée en chemin de fer en même temps que les voyageurs, tellement les événements se pressent et s'enchaînent aujourd'hui avec une rapidité déconcertante, comme si le temps s'était abrégé en déroulant instantanément sous nos yeux, dans une vision cinématographique, les conséquences extrêmes des faits anciens, restées encore latentes à travers les siècles. Dès lors, on peut affirmer en toute vérité qu'il s'agit bien d'un âge nouveau dans l'histoire de l'humanité, comme nous le disions tout à l'heure, et cette période cinquantenaire prend ainsi un intérêt exceptionnel, car elle montre une fois de plus comment nos idées et nos mœurs peuvent être affectées par ces découvertes techniques dont les ingénieurs ont été les principaux artisans.

Aux progrès qu'a réalisés la machine à vapeur, au développement merveilleux qu'a pris l'industrie des chemins de fer, nos camarades ont apporté une large contribution par leurs études théoriques, par leur collaboration administrative ou technique, et, à ce titre, les noms de ceux d'entre eux qui ont joué le rôle le plus éminent resteront attachés à l'histoire du développement de ces grandes industries, à celle des transformations sociales qui en ont été la conséquence.

Au début du cinquantenaire, MM. les inspecteurs généraux Combes et Callon, pour ne retenir que les plus illustres d'entre eux, avaient déjà fixé en effet les bases de la théorie des machines à vapeur en partant des recherches expérimentales restées si célèbres, par lesquelles l'éminent physicien Victor Regnault, notre camarade lui aussi, avait déterminé les tensions de la vapeur d'eau aux différentes températures.

Leurs élèves, devenus plus tard des maîtres à leur tour, comme Phillips, Resal, Couche, notre vénéré maître Haton de la Goupillière, M. Cailletet, et plus tard M. l'inspecteur général Lecornu, qui veut bien nous donner aussi une conférence résumant l'évolution de la mécanique moderne, ont perfectionné la théorie thermodynamique, étudié le rôle de la détente dans la machine à vapeur et montré l'intérêt capital qui s'attachait à élever dans la mesure du possible la pression de marche pour augmenter cette détente. Ils ont contribué ainsi à provoquer la création des machine compound à double et triple expansion, puis à surchauffe, qui ont modifié si profondément les types des locomotives de chemins de fer et même provoqué le développement prodigieux de la navigation à vapeur qui n'aurait pas pu se réaliser autrement.

Il y a cinquante ans, en effet, la consommation de charbon dépassait encore 2 à 3 kilos par cheval et par heure, de sorte que le chargement des navires de commerce aurait été absorbé presque en entier par le combustible dont ils avaient besoin pour la traversée s'ils avaient abandonné l'emploi de la voile, et vous voyez dès lors que la navigation à vapeur n'a pu recevoir son magnifique essor que dans la mesure où les progrès récents des machines à vapeur ont réduit cette consommation pour l'abaisser aujourd'hui à des chiffres inférieurs à 1 kilo, voisins même de 0 kil. 500.

Le labeur anonyme des ingénieurs oubliés, savants ou praticiens, qui ont réalisé ces progrès, est entré ainsi pour la plus large part dans le succès merveilleux de la navigation à vapeur, dans l'utilisation des routes nouvelles qu'elle a pu aborder et qui, pour des raisons diverses, étaient interdites à la navigation à voile, et, comme exemple particulièrement frappant, nous avons le droit de mentionner ici que c'était le cas entre autres pour cette magnifique voie internationale qu'est le canal de Suez, qui dut ainsi la meilleure partie de son succès prestigieux aux créateurs de la machine compound.

Si la surchauffe ou la détente compound ont pu révolutionner ainsi les machines marines, elles ont montré également toute leur fécondité sur les machines employées à terre, notamment sur les locomotives, par les applications qui en ont été faites ces dernières années.

Après de longues hésitations, résultant surtout de la crainte de compliquer outre mesure les organes essentiels de ces machines, les ingénieurs de chemins de fer se sont décidés à leur tour à imiter l'exemple de la Marine, si bien qu'à la date du 1er janvier 1914, nous comptions en France une proportion de machines pourvues de ces dispositifs représentant presque la moitié des machines en service, soit 5,750 sur 13,691, et une expérience pratique remontant à une dizaine d'années déjà permet d'affirmer maintenant que l'économie de charbon ainsi réalisée par rapport aux machines à simple détente les plus perfectionnées atteint facilement 15 à 20 0/0.

Il y a là, comme vous voyez, un résultat technique de la plus haute importance, et vous me permettrez de mentionner à cette occasion le nom d'un de nos camarades les plus distingués, M. A. Herdner, ingénieur en chef de la Compagnie du Midi, qui, par son initiative et ses exemples, en a été l'un des principaux artisans.

Nous pouvons dire d'ailleurs que nos camarades, ingénieurs de chemins de fer, ont tous contribué pour une large part aux progrès qu'a réalisés au cours du cinquantenaire écoulé la construction du matériel de chemins de fer et des machines locomotives, et leur action éclairée s'est même étendue jusqu'à l'exploitation des chemins de fer non seulement en France, mais aussi à l'étranger dans tous les pays dont les voies ferrées ont été construites avec le concours des capitaux français, comme l'Italie, l'Espagne, le Portugal, l'Autriche ou la Russie.

Ils sont trop nombreux pour que je puisse vous les énumérer tous, mais vous trouverez leurs noms rappelés dans la savante étude que notre éminent camarade, M. l'inspecteur général SAUVAGE, qui lui aussi a été l'un des artisans de ces progrès, veut bien écrire de son côté pour notre Livre d'Or.

ENSEIGNEMENT DE L'ÉCOLE et RECHERCHES SCIENTIFIQUES

Nous venons de rappeler brièvement la collaboration apportée par nos camarades dans les progrès qu'ont réalisés les grandes industries qu'étudie notre Ecole ; mais cette revue resterait trop incomplète si nous ne disions pas quelques mots des recherches scientifiques auxquelles ils ont participé également, et surtout si nous ne parlions pas de l'enseignement qu'ils ont reçu et qui a contribué si grandement au succès de leur carrière scientifique ou industrielle.

En 1864, notre Ecole, dont l'origine remonte, comme vous le savez, à la seconde moitié du dix-huitième siècle, s'était acquis déjà une autorité universellement reconnue. Elle réunissait en effet des maîtres éminents, dont la réputation s'étendait au delà des frontières de notre pays. La plupart d'entre eux avaient participé à la création des industries qu'ils étudiaient devant leurs élèves, et ils possédaient ainsi la double autorité du praticien et du savant comme c'était le cas pour M. CALLON, par exemple, dans l'exploitation des mines.

Les élèves qu'ils avaient formés, et qui leur ont succédé au cours du cinquantenaire, sont devenus à leur tour des maîtres éminents qui se sont toujours attachés, comme l'avaient fait leurs devanciers, à tenir leur enseignement à la hauteur des progrès des sciences ou de l'industrie, voulant en un mot répondre ainsi aux besoins nouveaux provoqués par ces transformations incessantes que nous venons d'esquisser.

A travers cette évolution nécessaire, l'Ecole a tenu avec raison à conserver toujours le caractère de spécialisation que lui ont imprimé ses fondateurs ; elle a donc continué à limiter ses enseignements aux sciences et aux industries concernant l'extraction et le traitement des matières minérales ; elle a toujours évité d'étendre ses programmes par ailleurs et de paraître tout enseigner au risque de ne rien apprendre à ses élèves.

Ainsi que le définit si bien M. l'inspecteur général AGUILLON, elle donne un enseignement oral de portée élevée, de durée relativement courte, parce qu'il est très condensé, s'occupant du principe des choses plus qu'il ne descend dans les details, car la pratique directe les apprend ensuite mieux et plus vite. Elle y joint des exercices divers très développés, caractérisés à la fois par un travail prolongé au laboratoire et par des voyages de longue durée, le tout couronné par l'exécution de projets complets, étudiés dans le détail, comme s'ils devaient être exécutés ; dans tous ces exercices, les élèves sont guidés plus qu'ils ne sont surveillés.

L'Ecole estime en effet qu'il importe avant tout de leur apprendre en quelque sorte la méthode du travail, de leur donner en un mot l'habitude de l'observation méthodique, appuyée sur des mesures numériques bien précises, et de la rigueur du raisonnement dans les déductions à en tirer.

L'enseignement de l'Ecole cherche à développer ces qualités nécessaires dans l'étude des industries dont elle s'occupe plus spécialement ; mais ces études peuvent trouver néanmoins leur application féconde dans des industries différentes, comme le prouve l'exemple de ceux de nos camarades qui s'en sont occupés avec succès. Il importe moins de connaître à l'avance tous les détails d'une industrie déterminée que d'être en mesure de discuter avec compétence les méthodes générales ou les procédés qu'elle emploie, et l'expérience pratique supplée rapidement aux lacunes de détail que l'enseignement présentera toujours à ce point de vue.

Dans ces dernières années, par une innovation heureuse, due à son éminent directeur, M. Delafond, l'Ecole a installé, à côté de ses laboratoires de chimie, d'autres laboratoires de mécanique, d'électricité et de micrographie, dans lesquels les élèves acquièrent ainsi l'habitude de l'observation des phénomènes physiques en dehors de la pratique des analyses chimiques qu'ils ont toujours possédée.

Ces expériences de laboratoire leur donnent ainsi la meilleure pratique qu'ils puissent désirer, et nous n'avons pas à douter qu'elles ne seront maintenues, et sans doute développées encore, dans les programmes à venir. Nous pouvons prévoir en effet que l'industrie voudra s'efforcer peu à peu d'aborder successivement l'examen de chacun des facteurs qui interviennent dans le rendement final pour les soumettre à des mesures de précision, puisque c'est pour elle le seul moyen d'en apprécier avec certitude l'influence exacte. Nous en trouvons du reste un exemple frappant dans les méthodes d'observation connues sous le nom de « système Taylor » qui, appliquées à l'étude raisonnée du travail des ouvriers de toutes professions, ont apporté des résultats économiques si intéressants et tout à fait imprévus.

D'autres questions se poseront certainement au cours du cinquantenaire qui commence, et des besoins nouveaux surgiront ; l'électricité prendra, par exemple, une importance toujours grandissante aux dépens de la machine à vapeur, qui a caractérisé le cinquantenaire écoulé ; mais, en nous rappelant l'histoire du passé, nous n'avons pas à douter que notre Ecole ne s'efforcera encore dans l'avenir d'adapter son enseignement aux besoins nouveaux.

Elle vient déjà tout récemment de remanier le programme des études, en ramenant à trois ans la durée des cours, de manière à permettre ainsi à nos jeunes camarades d'entrer dans la carrière active à un âge qui ne soit pas trop avancé, malgré l'augmentation apportée, d'autre part, à la durée du service militaire.

Cette mesure a été inspirée surtout par la considération des élèves externes ; elle témoigne ainsi de la préoccupation constante qui anime le Conseil de notre Ecole, toujours désireux d'aider au succès de la carrière de nos jeunes camarades, et nous ne saurions trop l'en remercier.

Rappelons encore à un autre point de vue que, pendant le cinquantenaire écoulé, le nombre des élèves de l'Ecole est toujours resté fort limité. L'Etat prend en effet chaque année quelques ingénieurs seulement pour les services publics ; et, d'autre part, le nombre des élèves externes de nationalité française ne dépasse guère trente par promotion, bien qu'il ait été un peu augmenté au cours de ces dernières années.

L'Ecole a toujours considéré en effet, et avec juste raison, qu'il ne convenait pas qu'elle multipliât ses ingénieurs outre mesure ; son enseignement vise en effet à leur permettre d'occuper plus tard des situations dirigeantes, qui sont nécessairement d'autant plus rares qu'elles sont plus importantes, et cette observation montre aussitôt que la grande généralité de nos camarades ont su se montrer dignes de ce choix. Nous voyons en effet que la proportion de ceux qui ont su remplir avec une distinction marquée leur carrière scientifique ou industrielle représente un chiffre particulièrement élevé et pour ainsi dire exceptionnel devant leur nombre total qui est si restreint. C'est là un résultat qu'il nous est permis de retenir comme attestant la haute valeur de l'enseignement, mais nous n'oublions pas d'ailleurs que l'honneur doit en revenir pour une large part à nos camarades ingénieurs de l'Etat, et nous sommes fiers de penser qu'ils se recrutent presque toujours parmi les élèves les plus distingués de l'Ecole Polytechnique, lesquels apportent ainsi parmi nous les hautes qualités intellectuelles qui ont assuré leurs succès antérieurs.

Pour compléter le tableau de l'activité de notre Ecole pendant le cinquantenaire écoulé, il me resterait à parler des travaux de science pure dans lesquels l'activité de nos camarades n'a pas été moins féconde que pour les progrès industriels.

Dans toutes les branches de la science, dans les hautes mathématiques, dans la mécanique rationnelle ou appliquée, dans les sciences naturelles, la physique, la chimie, et surtout la géologie, la minéralogie et la paléontologie animale et végétale, nous rencontrons parmi nos camarades des hommes éminents, qui ont reculé par leurs travaux les frontières de la science à laquelle ils se sont consacrés ; ils l'ont renouvelée en même temps par les vues originales, les hypothèses fécondes qu'ils ont émises, et, par là, ils ont assuré l'autorité de leurs travaux ou même parfois la gloire et l'immortalité de leur nom.

Je n'ai pas besoin d'insister auprès de vous sur les progrès merveilleux qu'ont réalisés, au cours du cinquantenaire écoulé, les sciences diverses dont nous nous occupons spécialement. Vous savez que, dans l'étude des phénomènes naturels, ces progrès ont été réalisés surtout par l'application des méthodes d'analyse et d'expérimentation qui avaient déjà fait le succès des sciences de précision. Dans le nouveau champ d'action qui leur était ainsi offert, ces méthodes se sont révélées particulièrement fécondes, car elles ont permis de discuter les faits sous un jour nouveau et d'apporter des explications non encore entrevues.

Elles ont provoqué ainsi dans le sein de la science générale la formation de groupements de faits inexpliqués et d'observations nouvelles qui se sont rapidement constitués en sciences indépendantes ayant leur discipline originale, et celles-ci ont apporté ensuite une contribution particulièrement féconde à la science mère dont elles se sont détachées peu à peu.

C'est ainsi que la géologie, par exemple, a donné naissance à un grand nombre de sciences annexes dont l'étude éclaire maintenant d'un jour nouveau l'histoire de la terre que nous habitons. C'est d'abord la minéralogie qui demande elle-même à la cristallographie de formuler les lois nécessaires de la répartition des molécules dans la formation des cristaux, puis toutes les sciences nouvelles qui ont pour objet de définir les conditions expérimentales de production des roches diverses, sédimentaires ou ignées : l'analyse chimique appliquée spécialement à l'isolement des éléments constitutifs de ces roches ; la pétrographie qui les étudie au contraire par un examen physique opéré au microscope sur des roches découpées en lames minces ; la paléobotanique qui s'attache à déterminer la nature et l'espèce des plantes fossiles que nous retrouvons dans tous les terrains sédimentaires ; la paléontologie qui vient classer de même les espèces animales fossiles et qui fournit conjointement avec la paléobotanique une contribution de la plus haute importance dans cette discussion toujours pendante de l'origine et de l'évolution des espèces. D'autres sciences sont nées également qui ont projeté des lumières nouvelles sur les conditions probables de formation de la croûte terrestre : la tecto nique ou l'étude des actions mécaniques qui ont agi dans le passé pour déterminer le relief actuel du sol ; la métallogénie qui étudie les lois de répartition des filons métallifères et nous fournit en même temps des renseignements pratiques du plus haut intérêt pour la recherche et l'exploitation de ces gisements. Il est inutile d'observer d'ailleurs que, si la géologie a donné lieu à la création d'un nombre relativement élevé de sciences annexes, cet exemple est loin d'être unique et il se retrouve plus ou moins marqué dans toutes les sciences voisines. C'est ainsi que la géodésie, par exemple, est arrivée à se détacher de l'astronomie, la thermodynamique, de la mécanique et de la physique, la docimasie, de la chimie proprement dite, la métallographie, de la métallurgie, etc...

En leur double qualité de savants et d'ingénieurs praticiens, nos camarades étaient particulièrement indiqués pour mener à bonne fin de pareilles études théoriques ou appliquées, et, ainsi que nous le disions plus haut, il n'y a pas à s'étonner que dans la création ou le développement de la plupart des sciences nouvelles dont nous venons de parler, ils aient apporté une collaboration particulièrement féconde et quelquefois même prédominante.

Leur nombre est trop élevé pour que nous puissions essayer de les rappeler ici dans une revue, même sommaire ; le distingué directeur des études, M. Chesneau, veut bien se charger de le faire pour le Livre d'Or, dans un article spécial où il étudie l'enseignement de notre Ecole ; vous entendrez d'autre part les conférences que nos éminents maîtres, membres de l'Institut, veulent bien nous donner pour nous exposer l'état actuel des sciences auxquelles ils se sont consacrés plus spécialement.

En dehors des deux conférences de M. H. Le Chatelier et de M. Lecornu, que je vous rappelais précédemment, et qui se rattachent aux industries de la métallurgie ou de la mécanique, nous en aurons trois autres dans lesquelles des savants éminents évoqueront devant nous cette épopée grandiose de la formation de la terre que nous habitons. Vous entendrez donc l'exposé de ces sciences récentes de la paléontologie végétale et de la formation des gisements minéraux, ainsi présentées par M. l'inspecteur général Zeiller et M. l'ingénieur en chef de Launay, pendant que M. l'inspecteur général Termier restituera de son côté, avec la divination du poète et la précision du savant, la succession des grandes périodes géologiques à la lumière des théories actuelles, qu'il a contribué, lui aussi, à créer.

Vous trouverez enfin dans les chapitres que nos savants camarades, M. Humbert et M. Bellom, veulent bien écrire pour notre Livre d'Or, deux études spéciales sur les travaux scientifiques de nos camarades les plus éminents, et vous pourrez reconnaître

La médaille commémorative
des Fêtes du Cinquantenaire, par M. Theunissen.

ainsi que, dans les sciences générales aussi bien que dans l'industrie, et même jusque dans les fouilles d'archéologie, les élèves de notre Ecole ont su exercer une action personnelle souvent féconde, et marquer l'influence du haut enseignement qu'ils ont reçu. Et s'il était besoin d'en apporter une preuve superflue, il nous suffirait de rappeler le nombre si élevé, atteignant en effet 56, de ceux d'entre eux qui, au cours du cinquantenaire écoulé, ont été admis à l'Institut, soit au titre de l'Académie des Sciences comme à celui des Sciences morales et politiques ou même des Beaux-Arts ou de l'Académie française.

Nous sera-t-il permis d'ajouter que nous trouvons encore une nouvelle preuve de l'autorité que nos camarades ont su s'acquérir par leurs travaux scientifiques ou industriels, en voyant le grand nombre de ceux d'entre eux qui ont été appelés à siéger, par exemple, à la Société Nationale d'Agriculture ou dans le conseil d'administration de la Société d'Encouragement pour l'Industrie Nationale, ou qui ont occupé même la présidence de cette Société. Cet exemple est d'autant plus intéressant que ces deux conseils, dont les membres sont recrutés par le choix de leurs collègues, peuvent être considérés à certains égards comme constituant des Académies agricole ou industrielle.

Nous retrouvons d'ailleurs un grand nombre d'entre eux dans les listes des présidents ou des conseils élus des Sociétés savantes ou techniques, dont l'objet se rattache aux études de notre Ecole, comme les Sociétés de Géologie, de Physique ou de Chimie, les Sociétés des Ingénieurs Civils ou des Agriculteurs de France.

Les nombres ainsi atteints, tant à l'Institut que dans les conseils des Sociétés savantes, prennent une valeur relative beaucoup plus décisive encore si on les rapproche du chiffre total des élèves de l'Ecole, puisque celui-ci est resté toujours bien restreint, ainsi que nous venons de le rappeler.

Aussi bien l'influence de cet enseignement ne se limite pas seulement aux sciences naturelles ou mathématiques ; elle atteint également les sciences morales et la philosophie elle-même.

Et il était inévitable qu'il en fût ainsi. à une époque où nos contemporains, éblouis par les découvertes de la science positive, ont reporté sur elle la vénération que leurs pères avaient conservée pour les théories métaphysiques ou pour la foi religieuse ; ils ont demandé aux hommes de science, et particulièrement aux disciples de ces mathématiques dont Pythagore faisait la préface nécessaire de la philosophie, s'ils ne pourraient pas leur apporter quelques précisions dans la solution de ces problèmes insolubles d'ordre moral ou métaphysique.

Répondant à ces préoccupations, l'illustre LE PLAY, qui est aussi l'un des maîtres dont s'enorgueillit notre Ecole, essaya d'aborder l'étude des phénomènes sociaux par l'observation scientifique, et ses disciples ont fondé deux Ecoles parallèles, qui ont jeté les bases d'une science sociale et nous ont révélé pour ainsi dire les lois des répercussions qui conditionnent l'évolution de tous les groupements humains. D'autres ont essayé de s'élancer encore plus loin, au delà des frontières de la science positive, comme l'a fait Jean REYNAUD, le camarade et ami de LE PLAY, non moins illustre que lui, qui voulut établir sa philosophie sur cette considération astronomique de la multiplicité de ces mondes lointains que nous apercevons, disséminés dans les profondeurs de l'espace infini. D'autres encore ont essayé d'éclairer les problèmes fondamentaux de la métaphysique en discutant la valeur de ces idées innées qui s'imposent à notre entendement, et il nous faut rappeler notre éminent camarade M. DE FREYCINET, et surtout l'illustre mathématicien Henri POINCARRÉ, l'une des gloires de notre Ecole, dont la critique impitoyable en est arrivée à mettre en doute le caractère de vérité nécessaire de la géométrie elle-même, qui paraît être cependant la science de l'absolu par excellence.

Là encore nous retrouvons l'influence de nos camarades dans la formation des idées dirigeantes de nos contemporains, et, si leur place nécessaire est marquée dans l'histoire des progrès industriels du cinquantenaire écoulé, il nous est permis également de revendiquer pour eux une place non moins honorable dans l'évolution de la pensée humaine.

ASSOCIATION AMICALE

Nous venons ainsi d'embrasser dans une vue d'ensemble les résultats obtenus, les progrès réalisés, la collaboration apportée par nos camarades dans les sciences et les industries dont s'occupe notre Ecole, et il nous faut revenir maintenant à notre Association Amicale, dont le cinquantenaire nous a fourni l'occasion de cet examen.

Que puis-je vous dire toutefois à ce sujet qui ne paraisse insignifiant ou dénué d'intérêt à côté de ces résultats merveilleux que nous venons de rappeler ?

Vous me pardonnerez cependant d'essayer de le faire, en considérant qu'il s'agit d'une œuvre de bienfaisance et de mutualité. Sans doute elle ne saurait jamais prétendre à connaître l'éclat et l'envergure de ces découvertes industrielles ou scientifiques ; mais elle mérite néanmoins la faveur de notre attention, car elle est d'un ordre différent qu'on peut même considérer comme étant plus élevé, s'il est vrai, comme l'a dit Pascal, que le moindre mouvement du cœur ou que l'inspiration du sacrifice dépasse toutes les créations de l'intelligence. La bienfaisance est en effet la rançon obligée par laquelle les privilégiés de l'intelligence et de la fortune doivent racheter les avantages qui leur sont ainsi faits, et c'est un devoir pour eux que de se pencher vers leurs camarades moins favorisés pour les guider dans leur carrière ou leur donner l'assistance dont ils ont besoin.

C'est bien la pensée généreuse qui inspirait les fondateurs de notre Association Amicale, lorsqu'il y a cinquante ans ils se réunissaient pour en préparer les Statuts, comme nous le disions tout à l'heure.

Notre regretté camarade M. Petiton, qui prit une part importante dans les négociations préalables, en a donné, en 1907, un compte rendu que notre *Bulletin* a été heureux de reproduire ; vous en trouverez du reste quelques extraits dans l'historique que publiera notre Livre d'Or.

Je n'essayerai pas de reproduire cet historique devant vous, j'en résumerai seulement les principales étapes.

Ainsi que je le rappelais en commençant, le nombre des adhérents resta fort limité, dès le début, si bien que notre Association Amicale dut accepter pendant longtemps l'hospitalité des camarades qui voulurent bien l'accueillir, et c'est seulement à la date du 15 avril 1881 qu'elle put disposer d'un siège social indépendant, situé alors au numéro 47 de la rue Taitbout.

A cette date, le nombre des adhérents atteignait seulement 505, soit 450 sociétaires et 55 fondateurs, et les recettes provenant des cotisations (fixées alors à 10 francs) atteignaient environ 4,300 francs.

En l'année 1890, le montant de la cotisation fut porté à 20 francs et il fut alors possible d'organiser un service de secrétariat qui, d'abord temporaire, devint bientôt permanent.

Nos camarades de la région du Nord fondaient d'autre part, en 1875, un groupement régional, affilié à notre Association Amicale, qui a contribué pour une large mesure à maintenir le prestige et l'autorité de notre Ecole dans cette région minière et métallurgique par excellence. Depuis lors, ces groupements se sont multipliés dans les autres régions industrielles, et nous comptons maintenant le groupe de l'Est, constitué en 1906, le groupe de Nîmes en 1910, le groupe de Lyon en 1912, et le groupe de l'Ouest qui s'est fondé cette année même, en 1914.

Le nombre des adhérents alla toujours en augmentant à mesure que nos camarades apprécièrent davantage les services qu'ils pouvaient attendre de notre Association Amicale, et le moment arriva bientôt où le président et les membres du Comité qui s'occupaient spécialement du service de placement se trouvèrent débordés. Nous fûmes ainsi amenés à créer, en 1906, le poste de secrétaire général, alors confié à notre camarade M. Henri CHAPOT qui l'a conservé depuis. Je n'ai pas besoin de vous dire tout le zèle et le dévouement que notre secrétaire général apporte dans cette mission, dont il s'acquitte comme d'un véritable apostolat ; vous savez en effet qu'il n'a jamais ménagé son temps, ses démarches, ni ses peines, lorsqu'il s'est agi de recruter de nouveaux membres, de faciliter le placement de nos jeunes camarades, de recueillir les renseignements ou les appuis nécessaires pour les diriger dans la voie la mieux appropriée à leurs aptitudes, ou encore de resserrer les liens qui rattachent toutes nos filiales. On a pu dire avec raison qu'il s'est identifié dans toute la force du terme avec son rôle d'avocat militant de la camaraderie, et nous lui devons certainement la meilleure partie des adhésions nombreuses que notre Association a recueillies ces dernières années.

En même temps qu'elle assure ainsi le placement de nos jeunes camarades, notre Association Amicale s'acquitte de la seconde partie de sa tâche en attribuant des secours aux camarades qui en ont besoin, et les sommes ainsi distribuées atteignent maintenant un total supérieur à 50,000 francs.

Ce chapitre des secours qui dépasse aujourd'hui 7,000 francs par an va malheureusement en augmentant avec le nombre des élèves admis chaque année ; il s'accroît même avec plus de rapidité encore peut-être, car nous voyons maintenant qu'une forte proportion des élèves ainsi admis n'ont pas toujours les ressources nécessaires pour pouvoir supporter dans la suite les mécomptes imprévus, les surprises douloureuses que leur ménagera trop souvent, au cours de leur carrière, cette industrie minière qui est aléatoire par excellence. Notre Association Amicale s'efforce de venir en aide à ces camarades infortunés, de soutenir leurs veuves et leurs orphelins ; mais vous savez que les ressources dont nous disposons sont encore particulièrement modestes ; vous me pardonnerez donc de vous rappeler ce devoir de charité qui s'impose à tous les heureux de la vie. Considérez en même temps que l'assistance ainsi exercée envers nos camarades malheureux contribue pour une large part à relever le prestige et l'autorité de notre Ecole qui forment le patrimoine commun de chacun de nous, et vous voyez par là que nous en récoltons tous ainsi le bénéfice indirect, quelle que soit notre situation présente. Considérez en outre que l'action de notre Association se révèle encore particulièrement féconde en ce qu'elle réunit des élèves de diverses provenances et qu'elle entretient ainsi parmi eux une camaraderie d'autant plus nécessaire que le recrutement de l'Ecole n'est pas homogène. C'est ainsi que nous recueillons avec une fierté toute particulière de nombreuses adhésions des ingénieurs de l'Etat, qui acceptent de se joindre à nous, bien que l'Association ne présente pas pour eux le même intérêt que pour les élèves externes, et nous ne saurions trop les remercier de ce témoignage de bonne camaraderie que nous apprécions si hautement.

Vous savez également que nous avons toujours rencontré le concours et le bienveillant appui de la part de la direction de l'Ecole, qui reste en communication constante avec notre Association Amicale pour étudier avec elle tout ce qui concerne le placement des élèves. Chaque année, elle veut bien nous acorder la grande salle des Cours pour notre Assemblée générale, et aujourd'hui, pour ces fêtes du cinquantenaire, elle n'a pas hésité à mettre à notre disposition l'Ecole tout entière, donnant ainsi à nos fêtes le meilleur attrait que nous puissions désirer. Aussi suis-je certain d'être votre interprète à tous en renouvelant aux anciens directeurs de notre Ecole, que nous sommes si heureux de retrouver au milieu de nous, MM. les inspecteurs généraux Haton de la Goupillière, Adolphe Carnot et Edmond Nivoit, l'expression de nos sentiments de vive reconnaissance, et, en disant en même temps au vénéré directeur actuel, M. Delafond, tous les regrets que nous fait éprouver son départ prochain. Nos sentiments affectueux les suivent tous dans leur retraite, et nous leur exprimons nos vœux de bonheur et de longue vie pour la fin de leurs belles carrières.

Nous savons d'ailleurs que le nouveau directeur de l'Ecole continuera sur ce point les traditions constantes de ses prédécesseurs et je suis heureux de pouvoir ici, en votre nom, lui renouveler l'expression de nos félicitations et de notre respectueuse déférence à son égard.

Et puisque l'action de notre Association Amicale peut être profitable à tous nos camarades, quelle que soit leur carrière, il nous sera permis d'exprimer l'espoir que, pendant la durée du cinquantenaire qui commence, il lui sera donné de les grouper tous autour d'elle, sans exception, et de multiplier ainsi les moyens d'action dont elle disposera pour l'œuvre d'assistance mutuelle qu'elle poursuit.

Cette période cinquantenaire verra sans doute dans le domaine de la science et de l'industrie, comme aussi dans la vie sociale, des transformations non moins profondes que celles que nous venons de résumer ; nous ne doutons pas que nos camarades n'y joueront encore un rôle souvent prédominant ; mais nous savons surtout que, en dépit de tous les progrès matériels, l'œuvre d'assistance que nous poursuivons continuera toujours à s'imposer dans cette vallée de larmes où s'écoule l'existence humaine, et puisque, aussi bien, nous ne serons certainement pas tous réunis au prochain cinquantenaire, vous me permettrez de prendre aujourd'hui les devants sur l'orateur de la réunion future pour saluer par avance en son nom les promotions nouvelles dont il résumera les travaux, et les remercier en même temps de la collaboration qu'elles apporteront à notre Association Amicale pour l'honneur de notre Ecole et le profit de chacun de ses membres.

ALLOCUTION

prononcée par M. l'Abbé DU PASSAGE

au Service solennel

célébré à Saint-Sulpice, le 13 juin 1914

MESSIEURS ET CHERS CAMARADES,

L'Association des Anciens élèves de l'École des Mines compte actuellement cinquante ans d'âge ; vous avez voulu vous réunir pour célébrer cet anniversaire, et à cette fête du souvenir, de l'amitié, du soutien mutuel, à cette fête joyeuse, vous avez prétendu donner encore une note plus grave. En remontant vers le passé, pour le saluer, vous vous êtes aperçus très vite que votre geste s'adressait aussi, surtout peut-être, à des absents qui représentent ce demi-siècle et qui sont partis avec lui. Dès lors, en essayant de grouper les vivants, vous ne pouviez plus oublier les morts. Et c'est vers eux d'abord, que vous vous êtes tournés pour leur porter l'hommage de votre pensée, le bienfait de votre prière, jugeant avec raison qu'avant de vous féliciter des résultats actuels, avant de former des vœux d'avenir, il convenait de vous rattacher, mieux que par une évocation rapide et profane, à ce passé dont les morts restent les immuables gardiens.

Ce faisant, Messieurs, vous avez peut-être obéi d'abord à la suggestion de toutes les vies qui durent. Car elles ne peuvent se prolonger, ces existences, sans prendre de plus en plus contact avec la mort. Les vies individuelles ne persistent qu'en apportant des transformations, présages ou mieux résultats anticipés de la mort. Les vies collectives, comme celle de votre Association, ne poursuivent leur cours qu'au prix de bien des rencontres avec la grande destructrice. Et à force d'apercevoir ainsi son image sur notre horizon personnel, à force de l'avoir croisée elle-même, sur la route de notre marche collective, nous ne pouvons plus détourner tout à fait d'elle nos regards même volontairement distraits. La cinquantaine, c'est l'âge, pour les Sociétés comme pour les individus, où les avertissements sont trop multiples, et trop clairs, ils ne peuvent plus être méconnus.

Toutefois. il est bien des façons d'entendre ces leçons dont la valeur dépend de notre volonté. Les vies individuelles sont parfois amoindries sous l'influence de cette voix qui les domine, parce qu'elles n'en veulent retenir que les menaces déprimantes ou bien une invitation à faire un emploi plus égoïste des heures dont la fin s'annonce ; parfois, au contraire, elles grandissent en gardant pour elles, dans sa signification véritable, l'enseignement de la mort.

Et, de même, les vies collectives peuvent laisser tomber, dédaigneuses ou sceptiques, tout entières aux réalisations de l'heure présente, l'avis que leur jettent les années qui passent ou les amis qui disparaissent. Mais elles peuvent aussi s'enrichir de l'appoint que leur fournit la mort. Ce sont là valeurs morales qui ont cours dans votre Association ; vous avez prouvé, par votre présence ici, que vous saviez leur prix et, ce matin, dans cette église, vous êtes venus entendre la leçon que vous donnent la Mort et vos morts.

Messieurs, dans une famille, du moins dans celles que Dieu bénit, le patrimoine moral se constitue peu à peu par l'apport successif des exemples et des souvenirs. Chaque génération collabore à l'œuvre qui dure et le trésor s'augmente dont on serait en peine de dresser l'exact inventaire, sur lequel pourtant on se repose et l'on vit. Il y a là des élans généreux et de patients efforts, de la vertu sereine, du dévouement, de l'honneur. Tout cela n'a point disparu avec ceux qui l'ont fourni ; tout cela se garde dans la conscience des héritiers, sans même parfois qu'ils s'en doutent, jusqu'au jour où ils en ont besoin.

Avec les proportions qui changent, lorsqu'on sort de l'intimité familiale pour entrer dans le cercle plus vaste d'une Association comme la vôtre, ne peut-on aussi parler du patrimoine moral déjà constitué par vos morts ? Dans cette promotion que vous saluez, ce matin, et qui a confondu tous les âges, dans cette promotion des disparus, vous trouveriez sans peine des figures dignes d'un spécial respect. Il y aurait là, il y a là des valeurs techniques reconnues et peut-être célèbres qui ont ajouté du lustre à votre diplôme commun ; il y a des travailleurs obstinés qui ont frayé plus d'une route à leurs camarades et successeurs ; il y a les âmes de parfaite droiture qui ont maintenu ou haussé l'honneur de votre profession ; il y a les chrétiens qui, par leurs prières, leurs avis, leur cordial exemple, ont valu à plusieurs de leurs camarades le bienfait de la foi trouvée ou reconquise, l'avantage d'une vie meilleure. A tous ces amis inconnus mais bienfaisants, vous deviez un merci collectif, en vertu des liens qui vous rendent au moins solidaires de leurs débiteurs. Si, comme il faut l'espérer, la cérémonie d'aujourd'hui se répète, chaque année, on pourra vous apporter la liste des derniers disparus, vous rappeler leur souvenir et, s'il y a lieu, vous proposer leur exemple. Ce matin, vous vous contenterez de songer à la foule anonyme de ceux qui sont passés devant nous.

Et peut-être, en évaluant sommairement les mérites des meilleurs parmi ces devanciers, il vous arrivera de vous arrêter surtout à la leçon d'ensemble que tous contribuent à vous présenter. En face de l'activité souvent grande, parfois fiévreuse, de vos existences, ils évoquent l'immobilité éternelle. Au-dessus de vos préoccupations professionnelles très légitimes, très nécessaires, mais aussi très positives, ils font planer le souvenir de l'invisible région où se conclut la grande question de notre destinée dernière. A vous qui, par spéciale vocation, êtes voués aux sciences de la terre, ils ouvrent les horizons de l'au-delà.

Messieurs, nous avons rappelé brièvement les services ou les leçons dont nous sommes redevables aux morts. Ces services et ces leçons donnent, vis-à-vis de nous, aux plus méritants de ces disparus, comme une consécration spéciale et peuvent leur valoir le titre que leur décerne volontiers un écrivain connu qui les nomme « nos seigneurs les morts ». Mais s'il ne vous plaisait pas pourtant de reconnaître cette hiérarchie spirituelle, cette supériorité d'influence, vous trouveriez encore de suffisants motifs au souvenir d'aujourd'hui dans les liens de la camaraderie bien comprise. L'esprit de corps qui vous a conduits jusqu'ici est le seul authentique, puisqu'il relie jusqu'aux âmes. L'esprit de corps, c'est un composé de sentiments assez mystérieux où entrent la fierté, l'amour des traditions communes, le souvenir un peu ému du passé. De ce qu'on a vécu dans les mêmes murs, fût-ce à des époques très différentes, il semble qu'on en soit sorti, marqué pour la vie d'une empreinte pareille. Du seul fait que les volontés se sont orientées vers un même but, que les efforts se sont tendus dans un même sens, les sympathies se trouvent nouées. Elles forment, dès lors, comme un réseau de mailles protectrices assez solides pour arrêter les chutes trop profondes. Ou, s'il vous semble que cette comparaison fait songer à des équilibres trop difficiles à garder pour symboliser sans injustice ceux de l'existence, nous dirons simplement que l'un des buts des associations nées de la sympathie mutuelle est de soutenir leurs membres dans les risques de la vie montante. Les plus avancés, parvenus déjà dans la plaine, après avoir fourni nombre d'étapes et fait, comme l'on dit, leur chemin, aident les premiers pas des plus jeunes, remettent parfois en marche ceux qu'un accident a jetés sur la route. N'arrêtez point là votre secours, regardez aussi devant vous, aidez, Messieurs, dans leur dernière étape, ceux qui ont franchi la barrière du monde et que vous pouvez imaginer errant sur les confins de l'éternité heureuse, sans qu'ils aient reçu le droit d'y entrer.

Vos réflexions auraient pu adopter un autre cadre que celui de cette église, si vous n'aviez voulu accorder à vos morts qu'un souvenir. Puisque vous êtes venus assister à une messe dite pour les défunts, c'est qu'au souvenir, vous comptiez joindre la prière. Vous resterez fidèles à vos intentions. Vous refuserez moins encore l'aumône ou mieux la cotisation que tout à l'heure de jeunes camarades vous demanderont, au nom des organisateurs de cette cérémonie, pour subvenir à certains frais qu'elle entraîne. Ainsi, Messieurs et chers camarades, vous marquerez votre volonté de seconder cette initiative qui nous rassemble aujourd'hui. Vous la changerez en une tradition dont nous serons, quelque jour, nous-mêmes les bénéficiaires. Déjà beaucoup des amis de province, en envoyant leurs regrets de ne pouvoir être ici, ce matin, ont exprimé le désir de voir la prière collective pour les morts se répéter annuellement dans l'Association. En joignant votre vœu au leur, vous aurez donné à cette Association une fondation nouvelle ; vous l'aurez appuyée à la pierre des tombeaux, l'une des seules bases assez stables pour soutenir les édifices moraux qui se promettent d'être durables.

DISCOURS DE M. CHESNEAU

Sous-Directeur de l'École

prononcé à l'Assemblée générale de l'Association

le 13 juin 1914

MES CHERS CAMARADES,

Le très grand honneur que m'a fait le Bureau de notre Associations Amicale en me priant de présider sa séance annuelle de 1914, s'est doublé pour moi d'un très vif plaisir quand notre Président m'a demandé de prendre « l'Historique de l'Ecole des Mines » comme thème de l'allocution qu'une tradition déjà ancienne vous oblige à écouter aujourd'hui.

Vous parler de notre chère Ecole ! Quelle joie plus grande pouvait-on faire à l'un de ses plus anciens professeurs, qui lui a déjà donné plus d'un quart de siècle de sa vie, et ne demande qu'à lui consacrer pleinement la fin de sa carrière !

Aussi bien, la tâche que l'on attendait de moi était-elle très facile, car tous les documents intéressant notre école depuis sa fondation ont été scrutés, fouillés et mis en œuvre, de main de maître, par notre cher et vénéré professeur AGUILLON dans sa magnifique étude sur l'Ecole, publiée dans les *Annales des Mines* de 1889 (1) et les détails les plus précis sur l'origine de l'Hôtel de Vendôme, où notre école est installée depuis 1816, ont été récemment donnés par notre camarade MAHLER, dans une charmante

---

(1) *L'Ecole des Mines de Paris*, notice historique par M. L. AGUILLON, ingénieur en chef des mines, professeur à l'Ecole nationale supérieure des Mines (*Annales des Mines*, 8e série, t. XV, p. 433, 1889).

plaquette, pleine d'érudition et d'esprit (1). Mon rôle très modeste se bornera donc à puiser quelques gouttes dans ces sources abondantes, et à esquisser à grands traits devant vous une simple ébauche d'après ces modèles définitifs.

Les origines de notre Ecole se confondent avec celles du Corps des Mines, et la première idée de sa création est née vers le milieu du XVIIIe siècle avec la préoccupation de former un personnel capable de donner des directions techniques aux exploitants de mines et aux métallurgistes, qu'un renouveau industriel suscitait alors de plus en plus nombreux sur notre territoire.

Très florissantes sous les Gaulois, nos mines avaient été délaissées depuis l'époque romaine, reprises avec quelque activité aux XIVe et XVe siècles, puis abandonnées encore pour les fabuleuses richesses de l'Amérique ; mais vers la fin du XVIIe siècle et au début du XVIIIe, il semble que, désappointés par l'épuisement des métaux précieux, les mineurs se soient tournés vers des produits plus communs, mais aussi plus abondants : la houille et le fer. Dès le milieu du XVIIIe siècle, Anzin est en pleine exploitation, de nombreuses mines métalliques comme Poullaouën, sont activement exploitées ; on s'attaque de tous côtés aux minières de fer et, au moment où va être fondée l'Ecole des Mines, le bassin de Briey, pour ne citer qu'un exemple (2), ne compte pas moins de dix mines de fer avec forges en pleine prospérité !

Inquiet de voir ces nouvelles exploitations se développer à l'aventure au risque de gaspiller leurs gîtes, l'Intendant des finances *Trudaine*, cet administrateur avisé qui avait fait retirer aux propriétaires du sol le droit d'exploiter les mines de houille dans leur fond, eut la pensée d'organiser un service de surveillance des exploitations minières. Comme il n'en existait nulle part les éléments, il fallait former de toutes pièces un personnel apte à remplir cet emploi. Ne croyant pas encore le moment venu de fonder une véritable Ecole des Mines, à l'exemple de celles qui existaient depuis longtemps en Allemagne, Trudaine, conseillé, semble-t-il, par *Hellot*, essayeur en chef de la Monnaie à Paris, se contenta d'utiliser l'Ecole des Ponts et Chaussées qu'il venait de créer en 1747, et offrit aux directeurs de mines l'entrée de cette nouvelle école pour les jeunes gens qu'ils croiraient devoir recom-

---

(1) *La Chartreuse de Vauvert et l'Hôtel de Vendôme*, souvenirs évoqués à propos de l'Ecole des Mines, par P. MAHLER (Ch. Béranger, éditeur, Paris, 1909).

(2) *Mémoire sur la conversion des fers lorrains en acier*, par M. NICOLAS, professeur royal de Chymie en l'Université de Nancy. A Nancy, chez M. Hœner, 1783. (Bibliothèque de l'Ecole des Mines.)

mander ; leur instruction technique devait être complétée par un cours spécial de chimie et par des voyages dans les meilleurs établissements miniers et métallurgiques en France et à l'étranger : c'est ainsi que furent formés les deux premiers inspecteurs des mines de France, que l'on peut considérer comme l'avant-garde de notre Corps des Mines : *Jars*, l'auteur des célèbres « Voyages métallurgiques » que nos élèves peuvent encore prendre comme modèles de leurs journaux de voyages, et *Guillot-Duhamel* père, qui devait être le premier professeur d'exploitation et de métallurgie de notre Ecole.

Vous voyez, mes chers camarades, que ce n'est pas d'hier que les Ecoles des Ponts et Chaussées et des Mines sont des « écoles sœurs », comme nous aimons à les appeler : elles ont eu le même berceau, et sont bien du même sang !

Le modeste recrutement des inspecteurs des mines envisagé par Trudaine pouvait suffire à l'aurore de l'ingérence, encore discrète, de l'Etat dans les entreprises industrielles ; mais il parut bientôt ne plus répondre au développement croissant des exploitations minières. Elargissant les visées de son prédécesseur Hellot, le chimiste et minéralogiste *Sage*, Commissaire aux essais à la Monnaie, rêve de fonder à la Monnaie même une Ecole des Mines, distincte de celle des Ponts et Chaussées, où il installera ses riches collections de minéraux, et dont il sera le directeur, en même temps que le professeur principal. Loué par les uns, combattu par les autres, le projet de Sage reçoit un commencement d'exécution par la création, à l'Hôtel des Monnaies, suivant lettres patentes du 11 juin 1778, « d'une chaire de minéralogie et métallurgie doci- « masique dans laquelle le professeur nommé par le roi [Sage « lui-même] donnera des leçons publiques et gratuites de cette « science ».

La fonction nouvelle d' « intendant général des mines », décidée par le ministre des finances Joly de Fleury, vient donner bientôt un relief plus accentué aux plans de Sage : son projet tout entier est enfin réalisé par un arrêt du Conseil du Roi du 19 mars 1783, instituant à l'Hôtel des Monnaies, à Paris, une Ecole des Mines « à l'instar de celle qui a été établie avec tant de succès sous le « règne du feu roi pour les Ponts et Chaussées » et stipulant que les inspecteurs et sous-inspecteurs du roi pour les mines ne pourront être pris que parmi les élèves ayant conquis dans la nouvelle école le brevet de sous-ingénieur.

On a beaucoup discuté la valeur scientifique de Sage, notre fondateur ; il faut bien reconnaître que la lecture de ses traités n'inspire qu'une médiocre estime pour le savant, bien que l'Académie des Sciences lui ait ouvert ses portes alors qu'il n'avait que trente ans.

Mais si cet adepte attardé du phlogistique a eu le grave tort de combattre les théories nouvelles de ***Lavoisier*** et d'*Haüy*, on ne peut certes lui refuser le mérite d'avoir été un administrateur remarquable : l'organisation archicentenaire de « son Ecole » (comme il appelait volontiers l'Ecole de la Monnaie) apparaît en effet comme singulièrement jeune, moins différente de la nôtre sous bien des rapports, que celle des périodes intermédiaires. Voici en effet quels étaient le régime de l'Ecole et le plan des études de 1783 : une durée d'instruction de trois ans, avec période scolaire du 1er novembre au 1er juin ; chaque année, deux examens partiels, l'un sur la théorie, l'autre sur la pratique, et à la fin du mois de mai un examen général. Pendant les vacances, les élèves qui s'étaient distingués par leur application et leur intelligence étaient envoyés dans les principales exploitations pour s'instruire de tous les objets relatifs à la pratique des travaux. Les concessionnaires de mines étaient chargés de l'entretien des élèves envoyés chez eux, « à raison de 60 livres par mois » et ils devaient donner des certificats sur leur conduite et leur travail.

Les cours étaient organisés comme il suit : deux professeurs principaux [*Sage* et *Guillot-Duhamel*], faisaient, à raison de trois heures par jour, le premier, les cours de minéralogie et de chimie docimasique (ou métallurgie), le second le cours d'exploitation des mines et géométrie souterraine, et celui des machines et appareils utilisés dans les mines. Des cours de mathématiques et de physique étaient faits aux débutants ; un ingénieur des mines enseignait le dessin et le tracé des plans ; un professeur le langues étrangères donnait des leçons d'allemand et d'anglais. Enfin les élèves étaient exercés aux opérations de la chimie analytique dans un laboratoire créé pour eux.

Le nombre des élèves admis chaque année devait être de douze.

Vous reconnaîtrez sans doute avec moi, Messieurs, que pour un premier essai, cette organisation avait une fort belle tenue, puisqu'après plus d'un siècle de retouches, d'additions, de suppressions, parfois même de bouleversements, elle survit encore tout entière dans celle d'aujourd'hui.

L'Ecole de Sage n'eut malheureusement qu'une très courte durée. Au bout de quelques années, le mauvais état des finances du royaume ne permit plus de faire face au budget annuel de l'Ecole des Mines, qui s'élevait à 26,800 livres : dès 1787, on dut arrêter le recrutement des élèves et leur effectif était réduit à presque rien au moment où, par raison d'économie, ***Lebrun*** (le futur archi-trésorier de Napoléon) proposait à l'Assemblée Constituante de fusionner le Corps et l'Ecole des Mines avec ceux des Ponts et Chaussées. La question resta quatre ans en suspens : l'école de Sage avait vécu, mais elle avait eu le temps de former plusieurs ingénieurs d'une valeur exceptionnelle, *Hassenfratz*, *Lelièvre*, *Baillet-Dubelloy*, *Miché*, *Alexandre Brongniart*, qui devaient, soit comme professeurs, soit comme savants, contribuer à l'éclat de la nouvelle école, ressuscitée des cendres de l'ancienne!

Bientôt en effet, sous l'impulsion réorganisatrice de la Convention, l'Ecole des Mines était restaurée par arrêté du Comité de Salut public du 18 messidor an II (6 juillet 1794), en même temps qu'était instituée « l'Ecole Centrale des Travaux publics » transformée peu après par la loi du 30 vendémiaire an IV (22 octobre 1795) en « Ecole Polytechnique », dont les élèves devaient assurer désormais le recrutement des élèves ingénieurs envoyés à l'Ecole spéciale des Mines, installée à l'hôtel de Mouchy (1), près du Palais Bourbon, où se trouvait alors l'Ecole Polytechnique.

Les cours de la nouvelle Ecole des Mines furent solennellement inaugurés le 1er frimaire an III (21 novembre 1794) avec les cours suivants professés par des savants ou des ingénieurs déjà illustres :

Docimasie, professée par *Vauquelin* ;

Minéralogie et Géographie physique, professées par *Hassenfratz* ;

Cristallographie, professée par *Haüy* ;

Extraction des mines, professée par *Guillot-Duhamel* ;
Métallurgie, professée par *Schreiber*.

Ces cours étaient complétés par des leçons et conférences de mathématiques, de physique générale, de perspective, de stéréotomie et d'allemand.

On peut juger de l'enthousiasme qui dut exalter les professeurs et les élèves de cette époque héroïque, par le ton enflammé du « Programme » ouvrant le *Journal des Mines de la République*, fondé par arrêté du 13 messidor an II, et annonçant au public la création de l'Ecole des Mines et de « l'Agence des Mines », qui devait avoir la haute main sur la nouvelle école et sur le Corps des Mines réorganisé :

« Il est temps (dit l'auteur de ce programme, *Coquebert de* « *Montbret*) que le génie de la liberté mette en œuvre les trésors « que la nature a tenus pour lui en réserve. A sa voix, le salpêtre

(1) Rue de l'Université, n° 71 ; cet hôtel a été démoli lors du percement du boulevard Saint-Germain pour faire place au Ministère de la guerre actuel.

« est sorti de nos souterrains. Cette voix puissante va retentir « jusque dans les entrailles de la terre ; les Républicains y trou- « veront ce que la politique des autres peuples leur refuse : du « Fer et de la Houille... Laissons les peuples amollis par la servi- « tude donner le nom de précieux aux métaux brillants et rares ; ce « qui est précieux pour nous, c'est ce qui sert à nous défendre... »

Malgré ces belles promesses et en dépit du très grand succès qu'elle obtint aussitôt fondée, l'école de l'hôtel de Mouchy ne devait durer elle aussi que bien peu d'années.

L'Agence, devenue « Conseil des Mines », avait élaboré, pour la formation complète des ingénieurs du Corps, un plan d'ensemble combiné avec la loi du 30 vendémiaire an IV (22 octobre 1795) réglant les rapports entre l'Ecole Polytechnique et les écoles spéciales de services publics et avec la loi du 25 frimaire an VIII (16 décembre 1799) faisant de l'Ecole Polytechnique une école de théorie pure. D'après ce plan, les élèves ingénieurs des mines auraient d'abord reçu une instruction scientifique générale à l'Ecole Polytechnique ; on leur eût ensuite enseigné l'application de la théorie à la pratique à l'Ecole des Mines de Paris ; enfin ils auraient été initiés à la partie manuelle des métiers de mineur et de métallurgiste dans les écoles pratiques — ces dernières devant être créées sur des mines et des fonderies en pleine activité, dont les bénéfices auraient assuré la marche des écoles et le fonctionnement de la surveillance administrative des mines.

Ces belles conceptions furent mal comprises, ou bien leur réalisation jugée trop coûteuse : un arrêté consulaire du 23 pluviôse an X (12 février 1802) vint substituer au large plan du Conseil des Mines le remplacement pur et simple de l'Ecole de Paris par deux petites écoles pratiques, l'une à Geislautern, près Sarrebrück, sur une mine de fer, l'autre à Pesey, en Tarentaise, sur une mine de plomb. La première n'exista jamais que sur le papier, faute de charbon pour utiliser le minerai, la seconde seule fut organisée, et c'est ainsi que de la belle école de l'hôtel de Mouchy fut, d'un trait de plume des consuls, brusquement exilée, en pleine année scolaire, au fond d'une lointaine et triste vallée, dans un vieux séminaire délabré aménagé en toute hâte. Un Allemand, Schreiber, ancien élève de l'école de Freiberg, très réputé comme exploitant, était nommé directeur de l'*Ecole pratique des Mines de Pesey* en même temps que de la mine — avec un adjoint, trois professeurs et un maigre contingent d'élèves qui ne dépassa jamais vingt-quatre en tout ; cette captivité de Babylone devait durer douze ans !

On s'imagine combien dut être austère, et parfois lugubre, la vie de cette misérable école de Pesey, complètement isolée à 1,300 mètres d'altitude, à quatre kilomètres en contrebas des mines où les élèves devaient monter chaque jour, et à vingt kilomètres de la petite ville de Moutiers, qui ne comptait que 2,000 habitants et dont la route n'était accessible que par un sentier muletier d'une lieue ! Les trois professeurs qui, eux, résidaient en principe à Paris, ne venaient à Pesey que un par un, et faisaient leur cours à la hâte, en deux ou trois mois au plus. Schreiber, soucieux avant tout des bénéfices de son exploitation, utilisait beaucoup les élèves dans ses mines de plomb : ils y exécutaient tous les travaux manuels, et faisaient les levés de plans superficiels et souterrains.

C'est pourtant en ce milieu, en apparence bien peu favorable aux études scientifiques, qu'a germé la vocation de chimiste d'un Berthier ! On comprend mieux que le plus jeune des professeurs, Brochant de Villiers, de la promotion 1794, séduit par la beauté des montagnes qui environnaient l'école, ait eu l'idée de les étudier pour elles-mêmes, et puisé dans ses longues excursions en Tarentaise les éléments de son *Traité des Roches*, l'un des premiers ouvrages de géologie pure.

De l'Hôtel de Mouchy, privé de ses élèves, le Conseil des Mines n'avait cessé de s'intéresser au sort de l'Ecole de Pesey, dont il avait conservé la haute direction, et d'encourager Schreiber à créer une école mieux située et plus largement aménagée. En 1813, Schreiber, grâce aux bénéfices réalisés à Pesey, avait pu terminer l'installation d'une grande fonderie centrale pour plomb et cuivre à Conflans, en face d'Albertville ; il se disposait à y transporter l'école de Pesey, lorsque surviennent les événements de 1814 : la France, vaincue par les Alliés, perd tous les territoires conquis par les armées de la République et de l'Empire, la Tarentaise fait retour à la couronne de Savoie et c'en est fait de l'Ecole des Mines du Mont-Blanc.

Le peu d'élèves qui lui restaient, six en tout, viennent en hâte rejoindre leurs professeurs et le Conseil des Mines à l'hôtel de Mouchy ; mais la Restauration ne les y laisse pas longtemps. L'Hôtel est rendu le 18 juin 1814 au prince de Poix, son ancien propriétaire, et le 1er juillet suivant, l'Ecole, ses collections, sa bibliothèque et son laboratoire étaient transférés à l'Hôtel du Petit-Luxembourg (1).

---

(1) Cet hôtel qui a été démoli lors du percement du boulevard Saint-Michel, était situé dans le périmètre actuel du Jardin du Luxembourg, à l'angle Nord-Est des nouveaux bâtiments de l'Ecole des Mines.

Les cours reprirent dans l'hiver 1814-1815 ; mais à peine est-on réinstallé qu'il faut déménager.

Après les Cent Jours, le Petit-Luxembourg, jugé trop petit pour l'Ecole, est affecté à la résidence du Président de la Chambre des Pairs, et l'Ecole des Mines transférée, à quelques mètres du Petit-Luxembourg, dans l'Hôtel de Vendôme, sis rue d'Enfer, 34, loué avec un bail à dater du 14 août 1815. Tous les bénéfices économisés par Schreiber sur les produits des mines de Pesey payèrent ces deux déménagements effectués par l'inspecteur Lefroy, qui devait pendant une longue période présider à l'installation de notre Ecole — installation définitive cette fois, puisque la salle où nous sommes réunis n'a pas cessé d'être le grand amphithéâtre de l'Ecole des Mines depuis le 11 janvier 1816, date de la réouverture des cours après son dernier déménagement.

L'Histoire de l'Hôtel, où allait se dérouler la vie désormais paisible de notre Ecole, ne manque pas d'intérêt et mérite de nous arrêter un instant.

Au moyen âge, l'enceinte de Paris, du côté Sud, s'arrêtait à la place Médicis, et venant d'Orléans, on entrait dans la ville par la porte Gibard ou Saint-Michel, située à l'angle du boulevard Saint-Michel et de la rue Monsieur-le-Prince. Les abords de cette porte étaient infestés de malandrins qui rançonnaient volontiers les voyageurs attardés ; leur repaire préféré était une construction abandonnée, connue sous le nom de Château de Vauvert : l'imagination des bourgeois du voisinage le peuplait de spectres, de monstres et de démons, toujours prêts à s'élancer la nuit sur les passants. Le fameux diable Vauvert « qui gâte tout et qui tout perd », a été le premier occupant de notre tranquille domaine. Il en fut chassé par les Chartreux, appelés par Saint-Louis qui leur concéda, sans se faire prier, avec toutes ses dépendances, un château faisant la terreur des honnêtes gens.

Ces religieux y fondèrent un couvent qui devint rapidement fameux et dont l'enclos s'agrandit de siècle en siècle : du diable Vert, il ne resta bientôt plus qu'un souvenir lointain des anciennes légendes, dans le nom de la rue d'Enfer.

C'est ainsi qu'au commencement du XVIIIe siècle, la belle Chartreuse de Vauvert, avec sa superbe église, ses célèbres peintures d'Eustache Le Sueur, ses jardins ombragés et ses vignobles fameux, s'étendait sur un vaste triangle ayant à peu près pour sommets l'angle Nord-Est de l'Ecole actuelle, le jardin de Bullier et la rue Duguay-Trouin. Les religieux eurent à ce moment l'idée de faire bâtir quelques maisons de rapport en bordure de leur monastère, le long de la rue d'Enfer : au nombre de celles-ci fut édifiée en 1707 par l'architecte *Courtonne* une somptueuse demeure, grâce à une donation de 20,000 livres faite aux Chartreux par le chanoine *de La Porte*, à charge d'y habiter sa vie durant. Le fastueux chanoine mourut trois ans après, avant d'avoir pû jouir de la belle maison qu'il venait de fonder, et peu après, en 1714, l'hôtel fut loué à la duchesse de *Vendôme*, veuve du duc, premier prince du Sang en Espagne, le vainqueur de Villaviciosa.

La duchesse, trouvant la maison du chanoine trop exiguë pour une princesse du Sang, donna l'ordre à l'architecte Le Blond de compléter l'hôtel, d'aménager ses dépendances et d'en dessiner les jardins (1) : l'œuvre ainsi parachevée devint célèbre, et elle était citée comme un modèle par ***d'Aviler*** dans son cours d'architecture de 1738, grâce auquel nous possédons les seules estampes connues de l'hôtel de Vendôme, avec la vue perspective qu'en donne le grand plan de Paris de Turgot.

Pendant tout le cours du XVIIIe siècle et jusqu'à l'installation de l'Ecole des Mines en 1816, il ne fut apporté aucun changement à la belle ordonnance de l'hôtel de Vendôme. L'hôtel, de quinze fenêtres en largeur, avait un rez-de-chaussée et un premier étage de grande hauteur, et un second en mansarde assez bas ; sur la rue d'Enfer, qui était alors de neuf pieds plus élevée que le boulevard Saint-Michel, une grande cour d'honneur entre deux basses cours entourées des écuries et des communs. On accédait dans l'hôtel par la porte qui est vis-à-vis de l'entrée actuelle de la salle du Conseil, et l'on y montait par un petit perron de six marches ; en entrant on apercevait à sa droite le bel escalier qui conduit aujourd'hui aux collections de l'Ecole.

Sur le jardin, le bâtiment édifié par Courtonne comprenait la façade, encore intacte maintenant, à neuf fenêtres cintrées avec fronton en attique, bordée par la grande terrasse à perrons réunissant le rez-de-chaussée au jardin en contrebas ; de chaque côté, les ailes à trois fenêtres rectangulaires ajoutées par Le Blond et portant la longueur du bâtiment à 27 toises. Au rez-de-chaussée, les trois belles pièces centrales sur le jardin, à trois fenêtres chacune, servaient de salle à manger, de salon (2) et de cabinet d'assemblée ; au 1er, de grand cabinet d'assemblée, de salon et de grande chambre à coucher. Les cuisines occupaient l'emplacement de la salle Rivot dans la bibliothèque actuelle.

---

(1) Ces jardins, dont l'Ecole actuelle ne possède plus qu'une faible partie, occupaient l'emplacement de vignobles jadis fameux, désignés sous le nom de « Clos de la Forge ».

(2) Amphithéâtre A actuel.

La duchesse de Vendôme jouit peu de la belle installation qu'elle avait fait exécuter par Le Blond, car elle mourut en 1718. Parmi les nombreux locataires qui ont habité l'Hôtel Vendôme au XVIIIe siècle, il convient de mentionner la famille de Chaulnes, qui l'occupa pendant vingt-cinq ans, de 1733 à 1758, et surtout Michel-Ferdinand de Chaulnes, duc de Picquigny. Excellent physicien, membre de l'Académie des Sciences à vingt-neuf ans ; cavalier accompli et soldat intrépide ayant collaboré à la manœuvre d'artillerie qui décida la victoire de Fontenoy ; musicien consommé (il jouait du violon à ravir) et amateur passionné d'art et de belles-lettres ; avec cela fastueux et dépensant sans compter, Michel-Ferdinand de Chaulnes a habité l'Hôtel de Vendôme de 1746 à 1758, avec la duchesse sa femme, méridionale de Montpellier, pétillante d'esprit et d'un entrain endiablé : pendant cette période de douze ans, les beaux salons de l'Hôtel de Vendôme furent parmi les plus recherchés de Paris. Savants et beaux esprits s'y réunissaient à l'envi : c'était l'Académie en raccourci, et Mme de Chaulnes, à qui le galant Clairaut avait appris l'algèbre en six mois, ne manquait pas une des séances.

C'est dans ce cadre, plein de si beaux souvenirs, que Lefroy, nommé inspecteur de l'Ecole, sans directeur, sous l'autorité du Conseil des Mines, procéda sans tarder à l'installation de l'Ecole, évincée du Petit-Luxembourg : les salles d'études et de dessin, la salle de cours et la bibliothèque furent aménagées au rez-de-chaussée sur le jardin ; les collections de minéralogie et de géologie au premier ; les laboratoires dans les anciens communs de l'Hôtel, sur la rue d'Enfer ; encore bien modestes, ils ne pouvaient abriter que sept élèves à la fois.

Sitôt installée à l'Hôtel de Vendôme, l'Ecole était munie de tous les actes administratifs devant assurer sa marche régulière : d'abord l'ordonnance royale et l'arrêté ministériel du 5 décembre 1816, réglant dans le plus grand détail son organisation et son fonctionnement, puis le règlement du 3 juin 1817 sur l'admission des élèves externes. L'ordonnance de 1816 stipule que l'Ecole des Mines, créée par l'arrêt de 1783, est « rétablie à Paris » et qu'elle aura dans les départements « une ou plusieurs succursales sous « le titre d'Ecoles pratiques de mineurs ». Elle fixe à neuf le nombre total des élèves ingénieurs pris parmi les élèves de l'Ecole Polytechnique, et au même chiffre celui des élèves externes qui, « envoyés soit par les préfets, soit par les concessionnaires ou les « propriétaires d'établissements métallurgiques », auront subi avant leur admission un examen « où ils devront faire preuve qu'ils sont en état de suivre les cours ».

L'ordonnance institue quatre chaires principales : minéralogie et géologie, docimasie, exploitation des mines, minéralurgie, et des cours secondaires de dessin, d'allemand et d'anglais. Elle organise les collections et le laboratoire de chimie, prévoit des travaux pratiques dont l'arrêté donne le détail, et consistant en dessins — analyses de substances minérales, — projets d'exploitation et de machines avec plans, devis et mémoires, — exercices de topographie, — courses minéralogiques dans les environs de Paris. Les stages dans les écoles pratiques ou dans les grandes exploitations, entre les périodes scolaires, allant de novembre à mai, sont prévus et soigneusement réglés. Enfin les coefficients d'examens, de travaux pratiques et d'assiduité, ainsi que le minimum de points ou « medium » nécessaire pour obtenir le diplôme sont minutieusement fixés par les règlements de 1816. La durée des études n'était pas limitée par l'ordonnance ; mais au bout de peu de temps, la pratique l'arrêta à trois ans pour les élèves ingénieurs et externes.

Dans cette organisation, pourtant vieille d'un siècle, chacun de nous, jeune ou ancien, retrouve l'image de ses années d'études à l'Ecole des Mines. Ces règlements constituent en effet la « charte » fondamentale de notre Ecole. Il y a été sans doute apporté par la suite quelques retouches et de nombreuses additions, mais le fond en a toujours été respecté, et dans les décrets et arrêtés qui nous régissent actuellement, on retrouve intacts les principes établis en 1816 d'après le plan si sagement étudié par l'Agence des Mines de la Convention.

Ce sont en effet les grandes lignes de ce plan qui nous guident encore, et les conceptions de « l'Agence » qui animent notre enseignement ; elles se résument dans les deux mots qui sont inscrits sur la porte de l'Ecole : *Théorie* — *Pratique*. Entre la théorie et la pratique, il faut une étape qui en réalise la synthèse, et durant laquelle on puisse montrer aux esprits dotés d'une forte culture scientifique comment les lois générales de la mécanique, de la physique, etc., prennent un corps dans les opérations industrielles : ce sont ces lois qui en expliquent les succès ou les déboires, mais d'une façon souvent si obscure et détournée, qu'elles échappent à une intelligence, même très ouverte, nourrie seulement jusque-là d'abstractions. Une telle intelligence, mise d'emblée aux prises avec le métier proprement dit, risque de passer indéfiniment à côté du problème à résoudre, faute de soupçonner les facteurs dont dépend la solution : c'est le rôle d'une école technique comme la nôtre de les faire connaître aux futurs ingénieurs ou tout au moins de leur en faire entrevoir l'existence. Il n'est pas nécessaire pour un ingénieur de savoir aussi bien qu'un ouvrier de métier limer un boulon, ajuster des cornières ou pratiquer des mortaises, mais il doit pouvoir se rendre un compte exact des efforts que supporteront les pièces assemblées, connaître les propriétés mécaniques des matériaux qu'il emploie, et déterminer leur forme en conséquence.

Certes, il n'est pas mauvais qu'un ingénieur soit adroit de ses mains — cela ne peut pas lui nuire aux yeux de son personnel —, mais sa valeur ne dépend pas de son aptitude à pouvoir remplacer à son poste un ouvrier défaillant : on peut être un remarquable directeur de chemins de fer sans être capable de conduire un train.

Ce que nous devons former avant tout c'est le cerveau de nos élèves, le bras ne vient qu'après. Les travaux pratiques — car il en faut cependant — doivent avoir pour but non pas de faire de nos ingénieurs d'habiles ouvriers, mais de leur apprendre à mesurer de façon précise les facteurs qui influent sur les rendements ou la qualité des produits fabriqués, et qui sont bien souvent ignorés des praticiens les plus adroits. C'est ce qu'avait parfaitement compris l'Agence des Mines en s'appliquant à faire de l'Ecole où devaient être formés les ingénieurs du Corps des Mines et les futurs directeurs d'exploitations et d'usines la « maison d'éducation » (comme elle l'appelait), placée obligatoirement entre l'Ecole Polytechnique et les établissements miniers ou métallurgiques pour lesquels, en même temps, des ouvriers d'élite auraient été formés dans des écoles pratiques. Le triste essai de l'Ecole de Pesey, simple école d'arts et métiers, avait bien montré que la suppression de ce trait d'union indispensable entre la théorie et la pratique ne pouvait aboutir qu'à de médiocres résultats ; ce que l'on gagnait en tour de main, on le perdait en hauteur de vue ; et l'expérience a montré, en définitive, que l'Ecole des Mines de Paris a bien fait de rester fidèle à ses traditions séculaires, sans jamais oublier l'enseignement des langues vivantes, indispensables pour suivre à travers le monde les progrès de la science et de l'industrie, comme l'avaient si bien prévu nos fondateurs de 1783.

A partir du moment où l'Ecole a été solennellement rétablie à Paris et fortement appuyée sur les règlements de 1816, nos annuaires montrent que les effectifs de nos élèves ont suivi une marche très régulière, les élèves ingénieurs étant au nombre de 3 à 5 par promotion, les élèves externes atteignant d'abord ce nombre, puis le dépassant bientôt.

Il nous a paru intéressant de rechercher si à l'origine, comme aujourd'hui, les élèves ingénieurs des Mines se recrutaient parmi les polytechniciens les mieux classés à la sortie. Les archives de l'Ecole Polytechnique sont malheureusement muettes sur les classements généraux de sortie des élèves de 1794 à 1816 : ces classements avaient lieu jusque-là par service et non pour la promotion entière, le choix des carrières se faisant obligatoirement *à l'entrée* et non à la sortie de l'Ecole, en vertu de la loi du 25 frimaire an VIII (art. 8 du titre II). On peut toutefois d'après les rangs de sortie, relativement modestes, des élèves ingénieurs de la promotion 1817 (13e à 22e), conclure qu'à ce moment l'Ecole des Mines (mal remise de son exil au Mont-Blanc), n'exerçait pas encore un attrait irrésistible sur les polytechniciens. Mais bientôt le courant se dessine, et notre Ecole va prendre désormais la glorieuse habitude de recevoir les élèves sortis les premiers de l'Ecole Polytechnique ; c'est en 1819, Messieurs, que pour la première fois un major de l'Ecole Polytechnique est entré à l'Hôtel de Vendôme : ce major était Jean-Baptiste-Armand-Elie de Beaumont.

La réputation croissante de l'Ecole allait promptement nécessiter son agrandissement, pour ses collections, et surtout pour ses élèves dont l'effectif s'augmentait beaucoup par les élèves autorisés (auditeurs libres d'aujourd'hui) et les élèves étrangers accrédités par leurs ambassadeurs. Pour cela il fallait disposer de tout l'hôtel, dont le second étage avait été exclu du bail de 1815, et restait occupé par le propriétaire ou par ses locataires. Lefroy, excellent architecte autant qu'administrateur habile, avait dès 1820 ses plans d'agrandissement tout prêts, mais il fallut attendre jusqu'en 1837 pour les réaliser : une loi du 12 juillet autorisa l'achat de l'hôtel pour 380,000 francs avec un crédit supplémentaire de 50,000 francs pour les aménagements et les restaurations. Le plan de Lefroy fut exécuté de 1840 à 1852 pour le gros œuvre : il consistait, d'une part, en deux prolongements de 15 mètres à chaque extrémité du bâtiment, portant sa longueur à 80 mètres et lui donnant sa physionomie actuelle du côté du jardin, et d'autre part, sur la rue d'Enfer, en deux ailes perpendiculaires au bâtiment de l'hôtel, de 9 mètres de large et 25 mètres de long, remplaçant les dépendances de l'hôtel et enserrant une vaste cour de 32 mètres de largeur fermée sur la rue d'Enfer par une grille avec arcades en maçonnerie. Les laboratoires portés à 22 places étaient installés au rez-de-chaussée de l'aile nord ; celui de l'aile sud était affecté aux salles de dessin, pouvant contenir une trentaine d'élèves : au-dessus, les cabinets et laboratoires des professeurs de minéralogie et de géologie communiquant avec les collections.

Le directeur, rétabli en 1848 avec Dufrénoy comme titulaire, et l'inspecteur, Le Play, étaient logés au second étage de l'Hôtel de Vendôme sur le jardin.

A peine cette belle installation était-elle terminée que le percement du boulevard Saint-Michel obligeait à défaire l'œuvre de Lefroy : les deux ailes sur la rue d'Enfer devaient être coupées vers leur milieu et le sol abaissé d'environ trois mètres pour l'établissement de la nouvelle voie. Le Sénat prenait une partie du jardin au sud pour y installer ses dépendances, et, en échange, rétrocédait au nord les terrains limitrophes et le Petit-Luxembourg. Celui-ci était rasé et remplacé du côté du jardin par le bâtiment actuel des laboratoires de chimie, avec salles de dessin et laboratoires de professurs au-dessus, et du côté du nouveau boulevard par des bâtiments, contenant au rez-de-chaussée des salles de cours et le secrétariat, au second des logements, et au premier des salles de dessin (remplacées plus tard en 1879 par les appartements du directeur, délogé ainsi que l'inspecteur de l'Hôtel de Vendôme pour faire place aux collections de paléontologie). Au sud étaient élevés, sur l'ancien jardin potager, les bâtiments de la questure du Sénat et ceux du service de la carte géologique, devenu distinct des services de l'Ecole depuis 1856.

Ces travaux, montant à 1,200,000 francs et exécutés par l'architecte Vallez de 1861 à 1876, ont été les derniers touchant au gros œuvre de l'Ecole : pendant leur exécution, les laboratoires furent provisoirement aménagés dans une maison située en face, au n° 13 de la rue d'Enfer.

Depuis les agrandissements de Lefroy jusqu'à ces dernières années, nous n'avons pas de modifications profondes à enregistrer dans l'organisation et l'enseignement de l'Ecole.

L'Ecole des Mines est désormais chez elle, et, sans crainte de voir discuter son existence et ses installations, elle se développe normalement, prenant sa large part dans le progrès des sciences, attentive aux besoins de l'industrie et à la sécurité du travail, et étendant au moment voulu le champ de son enseignement par le dédoublement des chaires existantes ou par la création de leçons nouvelles. Il nous sufira de mentionner comme étapes intéressantes dans cette évolution d'un demi-siècle : la création officielle en 1844 des cours préparatoires organisés par Delaunay et Rivot ; l'institution du Bureau d'Essais en 1845, mettant à la disposition du public les laboratoires de chimie de l'Ecole, qui depuis 1794 fonctionnaient seulement pour l'administration : la consécration, par décret du 15 septembre 1856, de chaires distinctes de géologie, de paléontologie, de chemins de fer et construction, d'agriculture, de législation et économie industrielle ; une nouvelle refonte des cours en 1887 et 1888 aboutissant au décret du 18 juillet 1890 transformant la chaire d'agriculture en cours de géologie appliquée, faisant du cours de machines une chaire distincte de celles de l'exploitation des mines et de chemins de fer, scindant de même en deux les cours de législation et d'économie industrielle, créant une chaire de chimie industrielle, et, complétant les cours par des leçons de pétrographie, de paléontologie végétale, de topographie, de construction de machines et d'applications de l'électricité ; — enfin le décret du 18 octobre 1896, érigeant en chaire les leçons d'électricité industrielle et apportant au recrutement des élèves externes une modification importante, nécessitée par la loi militaire du 15 juillet 1889 : tandis que depuis la création des cours préparatoires, les élèves de ces cours devaient pour passer aux cours supérieurs subir entre eux un concours qui en éliminait environ un tiers, le décret de 1896 place désormais l'entrée de l'Ecole aux cours préparatoires, et pour être admis aux cours spéciaux, les élèves des cours préparatoires ne sont plus astreints qu'à un minimum de points (70 0/0 du total) : on réduisait ainsi le plus possible les inconvénients, au point de vue du service militaire, qui résultaient pour les élèves des cours préparatoires de leur échec à l'entrée des cours spéciaux, entraînant pour eux l'obligation de faire deux ans de service militaire de plus que leurs camarades admis aux cours supérieurs.

Nous arrivons enfin au terme de ces évolutions successives. à la dernière période qu'on peut appeler le *Régime de la personnalité civile* de l'Ecole des Mines.

L'une des conséquences de la loi militaire du 15 juin 1889, supprimant le volontariat d'un an, avait été d'accroître considérablement le nombre des candidats à l'Ecole : de 45 à la fin du régime du volontariat, ce nombre avait brusquement doublé et s'était maintenu jusqu'en 1899 ; et, tandis qu'auparavant le nombre des admissions aux cours préparatoires était souvent arrêté au-dessous du maximum autorisé, on avait dû constater, à partir de 1892, qu'on laissait au seuil de l'Ecole bon nombre de candidats parfaitement capables d'en suivre les cours. En même temps, la réputation de l'Ecole au point de vue du placement de ses élèves s'était également accrue, car, à partir de 1897, on constatait que les élèves reçus à plusieurs écoles optaient en général pour celle des Mines, malgré les avantages que certaines d'entre elles offraient au point de vue du service militaire.

Frappé de cette situation, le Conseil de l'Ecole jugea, en 1899, le moment venu d'augmenter le nombre des candidats à admettre définitivement et de le faire passer de 25 à 35 environ. Mais cet accroissement de l'effectif des promotions exigeait des agrandissements de laboratoires et devait entraîner des augmentations de charges annuelles. Craignant, non sans raison, de ne pouvoir obtenir sur le budget des Travaux Publics les ressources nécessaires à la prompte réalisation de ce projet, le Conseil, sur le rapport de M. Aguillon, se décida à recourir à l'établissement d'un droit de scolarité de 500 francs par an et par élève, devant permettre, même avec une attribution très large de bourses, de constituer un excédent de ressources budgétaires capable de couvrir les dépenses de premier établissement et les charges annuelles entraînées par l'accroissement du nombre des élèves.

Ce droit de scolarité ne pouvait être institué que par voie législative ; c'est ce qui fut réalisé par la loi de finances du 13 avril 1900 (art. 34), investissant l'Ecole des Mines de la personnalité civile — condition nécessaire pour avoir un budget autonome, contracter au besoin des emprunts, procéder à des adjudications et à des marchés, etc. — puis par celles du 25 février 1901 (art. 58) et du 8 novembre 1901 (art. 22), stipulant, au profit de l'Ecole, un droit de 500 francs par an et par élève, à dater de l'année scolaire 1901-1902.

Le décret du 4 mars 1902 sur l'organisation financière de l'Ecole et celui du 12 mars 1902 sur son fonctionnement, consacraient ces dispositions législatives, et désormais l'Ecole pouvait disposer, en sus des allocations fixes prélevées sur les budgets des ministères pour le traitement de son personnel et l'entretien des bâtiments, de sommes assez importantes pour aborder l'extension de ses laboratoires et de ses salles de cours.

Comprenant que l'analyse minérale, sans avoir rien perdu de sa très grande importance dans l'art des mines et de la métallurgie, n'était plus un champ suffisant pour exercer les élèves aux mesures précises, le Conseil décida de créer sans tarder de nouveaux laboratoires, ainsi que de nouvelles salles de cours, en y affectant une partie des locaux de la docimasie, très largement dotée dans les agrandissements de 1861 ; c'est ainsi que, dès 1902, deux salles de cours et le laboratoire de chimie industrielle et métallurgie générale étaient créés dans les dépendances de la docimasie. En même temps, un laboratoire d'électricité était installé, en bordure du boulevard Saint-Michel, dans des soubassements peu utilisés. L'année suivante, un laboratoire de mécanique était créé dans le hall vitré où étaient conservés des modèles de métallurgie et d'installations minières, quelque peu démodés, il faut le reconnaître, depuis les expositions universelles qui nous les avaient légués. Enfin, en 1904, l'outillage des laboratoires de chimie était rajeuni et complété, et le nombre des places d'élèves porté à 48 : en deux ans à peine, toute l'organisation des nouveaux exercices pratiques d'électricité, de mécanique et de métallurgie générale, avait été ainsi mise sur pied, et l'on ne pouvait plus reprocher à nos élèves de savoir exclusivement dessécher, calciner et peser un précipité lavé selon toutes les règles de l'art.

Nous ne sommes point restés stationnaires depuis cette époque : en 1911 et 1912, le laboratoire de mécanique a été considérablement agrandi par l'installation de moteurs et de pompes, au rez-de-chaussée, dans un bâtiment provisoire en bois qui, je l'espère, sera prochainement transformé en un bâtiment définitif avec étage, permettant une extension nouvelle du laboratoire d'électricité. Le laboratoire de métallurgie générale a été aussi agrandi et doté de nombreux perfectionnements en 1912. Enfin, en 1913, les laboratoires de chimie analytique ont fait un suprême effort : nous les avons portés à 60 places, en utilisant mieux l'espace couvert par le grand hall vitré, où ont été disposées 8 cabines à balance (du modèle inauguré en 1902 et qui a été fréquemment copié depuis dans nombre de laboratoires en France et à l'étranger), puis des cabines plus spacieuses pour l'électrolyse et la volumétrie.

L'Ecole peut ainsi ouvrir à présent ses portes à des promotions presque doubles de ce qu'elles étaient il y a vingt ans, et il n'était que temps de la mettre en état de le faire, puisque le nombre des candidats est devenu le triple de ce qu'il était alors.

J'arrive enfin à notre dernière réforme, celle de la contraction du cycle des études en trois ans au lieu de quatre, pour les élèves externes entrés au concours, et en deux ans pour les élèves ingénieurs et externes venant de l'Ecole Polytechnique.

Vous savez que ce changement a été motivé par la nouvelle loi militaire du 7 août 1913, exigeant de tout citoyen français trois ans de présence sous les drapeaux, au lieu des deux ans de service que demandait la loi de 1905. La possibilité de réduire la durée des études avait été déjà examinée à différentes reprises ; jusque-là, le Conseil de l'Ecole, soutenu par la grande majorité des ingénieurs de notre Association, avait considéré les trois années de cours spéciaux (réglementaires depuis l'arrêté du 17 avril 1849, et constituant, avec les cours préparatoires, un cycle de quatre ans d'études), comme nécessaires à la haute culture scientifique et technique qui caractérise l'Ecole des Mines de Paris. Mais, en présence du superbe élan patriotique qui a décidé du sort de la loi de trois ans, nos Conseils ont pensé qu'on pouvait demander aux professeurs et aux élèves un effort suffisant pour réduire d'une année la durée des études, sans leur faire rien perdre de leur valeur, ni de leur efficacité. Chacun a mis du sien dans ce concours général de bonnes volontés : diminution de quelques leçons pour les cours comportant de nombreuses séances d'exercices pratiques, allongement des sessions scolaires, utilisation plus complète du temps consacré aux laboratoires ; bref, le problème paraît aujourd'hui fort heureusement résolu par l'expérience faite dès cette année, sur deux promotions, et nous avons le ferme espoir que nos jeunes camarades, devenus aussi bons ingénieurs que leurs devanciers, n'auront pas à regretter plus tard le surcroît de sacrifice que la France leur a demandé dans l'intérêt de la défense nationale !

Nous voici arrivés, Messieurs, au bout des étapes parcourues pendant cent trente et un ans par notre chère Ecole. Ses souvenirs et ses traditions sont tellement vivaces au cœur de chacun de nous, que je n'ai pas à vous dire ici combien cette marche a été glorieuse, car vous savez tous les noms des camarades illustres qui, depuis l'origine lointaine de notre Ecole, ont fait rayonner son enseignement dans les plus hautes sphères de la science et de l'industrie. Ai-je besoin (pour ne parler que des disparus) de vous rappeler quel sillon lumineux a été tracé dans le champ des mathématiques, par les Joseph Bertrand, les Résal, les Henri Poincaré ? dans celui de la chimie, par les Berthier, les Ebelmen, les Cailletet, les Rivot ? dans la physique, par les Regnault, les Delaunay, les Potier, les Cornu ? dans la géologie et la minéralogie, par les Dufrénoy, les Elie de Beaumont, les de Senarmont, les Mallard, les Marcel Bertrand, les Albert de Lapparent ? dans le domaine des Mines et de la Métallurgie, par les Combes, les Callon, les Grüner ? dans l'industrie de Chemins de fer, par les Sauvage, les Couche, les Le Châtelier ? dans l'Economie politique et sociale, par les Michel Chevalier, les Jean Reynaud, les Le Play ?

Le temps a fait disparaître ces glorieux élèves de notre Ecole, mais n'a pas éclairci les rangs de la légion magnifique d'ingénieurs et de savants, qui en sont aujourd'hui l'honneur et continuent sa renommée. Mes chers camarades, nous venons de faire revivre le passé avec la joie de fils qui sont fiers de leurs pères, mais nous pouvons aussi nous tourner vers l'avenir avec confiance, et nous, les vieux, regarder les jeunes avec fierté : l'histoire de l'Ecole des Mines sera toujours une très belle histoire !

DISCOURS DE M. BACLÉ

PRÉSIDENT DE L'ASSOCIATION

prononcé à l'Assemblée générale de l'Association

le 13 juin 1914

MES CHERS CAMARADES,

Vos applaudissements m'ont déjà devancé, ils expriment mieux que je ne saurais le faire tout le plaisir que vous avez éprouvé en entendant la charmante allocution de notre dévoué Président ; nous avons admiré ces belles projections dont il a su l'illustrer par une initiative dont nous ne saurions trop le remercier, et nous avons pu ainsi, grâce à lui, évoquer dans une vision précise et vivante ces grands souvenirs qui nous sont chers, l'histoire de notre École avec celle du vénérable Hôtel Vendôme où elle a trouvé à son retour de Pesey un abri aujourd'hui presque exactement centenaire et désormais définitif. Cet hôtel, auquel se rattachent nos souvenirs d'étudiants et qui prend ainsi quelque chose de la poésie de notre jeunesse évanouie, nous est apparu en même temps doté du charme de cette Société élégante et raffinée qui l'occupait au dix-huitième siècle ; nous sentons en quelque sorte flotter autour de nous le long de ces murs le souvenir de ces beaux esprits qui ont été un instant la fleur de la Société française, et il nous est permis de penser que nos camarades sauront bien retenir quelque chose de la grâce et de la distinction qui les caractérisaient.

Et, au milieu de la vie élégante et facile qui était la leur, les grands seigneurs qui habitaient notre hôtel savaient cependant réserver aux questions d'ordre général, à ce qu'ils appelaient la philosophie naturelle, à l'étude des lois de la nature, l'intérêt qu'elles méritent. Parmi eux, nous devons une mention spéciale à Michel-Ferdinand de CHAULNES, duc de Picquigny, dont notre

Président nous a rappelé le souvenir et qui a su, comme il nous le disait, se montrer à l'Académie des Sciences le digne collaborateur des savants éminents dont il était le collègue, comme D'ALEMBERT, CLAIRAUT, CASSINI et RÉAUMUR.

Michel de CHAULNES se montra expérimentateur avisé dans les sciences physiques, sachant même, comme le ferait un ingénieur praticien, construire lui-même les instruments d'observation dont il avait besoin. Il avait installé dans l'hôtel un véritable laboratoire, ainsi que nous le raconte notre savant camarade MAHLER. Vous voyez dès lors qu'à ce titre nous avons le droit de le considérer comme un véritable précurseur, et de penser que, s'il revenait parmi nous, il ne repousserait certainement pas ses successeurs d'aujourd'hui. Il ne pourrait, en effet, qu'admirer le développement donné aux études qu'il avait ébauchées, car ces laboratoires qu'il aimait se sont multipliés, et sont devenus en quelque sorte la spécialité de notre Ecole. Il s'émerveillerait de voir que, grâce à eux, il est possible maintenant d'apprécier avec précision les propriétés les plus diverses des corps minéraux ou des produits fabriqués, d'étudier par exemple leur composition intrinsèque par l'analyse chimique, leur constitution intime par la micrographie, de déterminer l'orientation de leurs cristaux par la cristallographie, et de mesurer la résistance des métaux aux déformations extérieures par des essais mécaniques de toute nature.

Et lorsqu'il aborderait enfin dans les laboratoires d'électricité l'étude de ce fluide insaisissable, mystérieux entre tous, son admiration étonnée ne connaîtrait plus aucune limite, car il n'hésiterait sans doute pas à y voir la manifestation de cet esprit caché qui agite la matière suivant la conception antique, et que tous les physiciens des âges passés avaient vainement essayé de recueillir.

Tout en déplorant la lenteur inévitable de nos recherches expérimentales, il comprendrait en même temps que ces lois de la nature qu'il avait cru saisir par le seul élan de sa raison, n'ont pas cette simplicité majestueuse qu'il leur attribuait, et l'intelligence humaine doit désespérer d'entrevoir jamais la pensée divine qui les résume dans leur complexité infinie. C'est seulement par les efforts persévérants des générations successives des chercheurs anonymes succombant à la tâche, que nous pouvons saisir quelques lambeaux de ces vérités insaisissables. C'est là sans doute en apparence un labeur ingrat entre tous, mais c'est le seul qui soit fécond, et, en voyant les résultats obtenus pendant ce cinquantenaire écoulé, ces progrès matériels qui ont transformé la civilisation, le savant philosophe du dix-huitième siècle reconnaîtrait bientôt que nos efforts ne sont pas aussi vains qu'il l'aurait sans doute pensé tout d'abord, car c'est seulement en étudiant les lois de la nature et en y obéissant scrupuleusement que l'homme peut espérer l'asservir et la dompter. A ce titre, nous pouvons dire que nous avons hérité de l'esprit de recherche, de l'amour de la vérité et de ce désir désintéressé du progrès qui animaient l'ancien propriétaire de l'Hôtel.

Notre éminent Président d'aujourd'hui, qui a consacré presque toute sa carrière à notre Ecole, était mieux qualifié que personne pour nous parler, à l'occasion de ces fêtes du cinquantenaire, du grand seigneur qui s'est attaché comme lui à l'étude des sciences naturelles, et vous serez tous unanimes avec moi pour le remercier de la nouvelle marque d'intérêt qu'il nous a donnée en acceptant de présider notre réunion.

En témoignage de notre gratitude, notre Comité a décidé de lui offrir, en votre nom à tous, un spécimen de la médaille que nous venons de créer à l'occasion du cinquantenaire, et je prie notre cher Président de vouloir bien agréer cet hommage qui lui rappellera combien nous apprécions hautement le dévouement qu'il ne cesse de prodiguer à notre Ecole.

Permettez-moi en même temps d'exprimer tous nos remerciements à deux autres de nos camarades dont vous ne me pardonneriez pas d'omettre les noms dans cette circonstance solennelle où nous rappelons l'histoire de notre Ecole et le souvenir des anciens propriétaires de l'hôtel qu'elle occupe ; M. l'Inspecteur général AGUILLON s'est fait l'historien érudit de notre Ecole, et, à côté de lui, M. MAHLER s'est attaché spécialement à l'hôtel et à ce jardin qui a été la Chartreuse de Vauvert ; tous deux, ils ont fait revivre avec tant de charme, sous des faces diverses, ce passé déjà lointain qui acquiert à nos yeux l'affectueux intérêt que nous portons aux souvenirs de famille, et je suis heureux de cette occasion qui me permet de leur exprimer en votre nom toute notre gratitude pour ces belles études où ils ont résumé en quelque sorte les titres de noblesse de notre Ecole.

Aujourd'hui, pour la première fois, nous allons décerner la médaille que nous avons fait composer spécialement pour le prix attribué par notre Association amicale au meilleur Journal de voyage, et qui commémorera en même temps ces fêtes du Cinquantenaire, et je suis certain que vous en appréciez tout l'intérêt documentaire en même temps que la haute valeur artistique.

Elle symbolise particulièrement, en effet, cette double pensée d'études scientifiques, de progrès industriels et d'assistance mutuelle, où se résume le rôle de notre Ecole et de notre Association amicale qui en est l'émanation, et vous vous unirez à nous pour adresser nos félicitations et nos remerciements à l'éminent artiste M. THEUNISSEN, qui l'a si heureusement composée. J'ai le plaisir de pouvoir vous informer à cette occasion qu'il vient d'obtenir une médaille d'or au Salon pour son envoi dans lequel était comprise notre plaquette.

Sur l'avers, vous retrouvez la vue restée chère des bâtiments de notre Ecole, cette Maison commune, *domus omnibus una*, qui a façonné, en les soumettant à une discipline unique, les Camarades de toutes provenances qui sont venus lui demander l'enseignement nécessaire au succès de leur carrière technique. Et, à côté de cette évocation de la science, vous voyez cette belle et imposante figure de la Mutualité accueillant cette longue théorie d'élèves qui viennent à elle en sortant de notre Ecole pour lui demander l'aide et l'appui dont ils ont besoin, soit pour le choix d'une carrière, soit pour l'assistance aux vaincus de la vie.

Sur le revers, vous retrouvez l'image symbolique des grandes industries qu'étudie notre Ecole, spécialement l'art des mines, de la métallurgie, et, à côté d'elles, les chemins de fer, l'électricité et la mécanique moderne, représentées par leurs applications les plus récentes, de sorte que nous pouvons estimer que notre médaille fournira plus tard aux archéologues et aux numismates de l'avenir, pour l'histoire des industries auxquelles collaborent nos Camarades, un document de haute précision, aussi impérissable que peut l'être une œuvre humaine.

A l'occasion du Cinquantenaire, notre Comité a pensé qu'il convenait que nuos nous attachions à mettre en relief devant l'opinion publique l'œuvre d'assistance mutuelle à laquelle notre Association amicale s'est consacrée depuis sa fondation, et, dans cette pensée, nous avons participé, dans le groupement des œuvres d'assistance mutuelle, à l'Exposition universelle tenue à Gand en 1913, ainsi que je vous l'indiquais dans notre Assemblée de juin dernier. Je suis heureux de pouvoir ajouter aujourd'hui que le jury supérieur de l'Exposition nous a attribué un diplôme d'honneur. Cette haute distinction qui atteste ainsi l'intérêt social de l'œuvre que nous poursuivons est la meilleure récompense que notre Association amicale pouvait espérer, et vous serez tous unanimes à vous en réjouir avec nous.

Fort de l'approbation que vous avez bien voulu nous donner à l'occasion de l'Exposition de Gand, notre Comité a pensé qu'il convenait de renouveler cet effort dans une ville française où notre Ecole est connue et appréciée, et où nous comptons de nombreux camarades ; nous avons donc décidé de participer encore dans le groupe des œuvres sociales à l'Exposition universelle qui se tient actuellement à Lyon.

Cette année qui vient clore le premier cinquantenaire de notre Association amicale et même aussi le centenaire du retour à Paris de notre Ecole, marquera déjà dans notre histoire à ce double titre, mais elle prend en même temps une importance tout exceptionnelle pour nous, car elle a vu se réaliser, comme vous savez, dans l'organisation des études des changements importants provoqués par l'application de la nouvelle loi militaire. Elle va amener en outre un changement de personnes dans la direction, car vous savez d'autre part que notre vénéré directeur, M. DELAFOND, va prendre sa retraite et sera remplacé par M. l'inspecteur général KUSS. Là encore, je suis certain d'être votre interprète en exprimant à M. DELAFOND les regrets unanimes que nous cause son départ et à son successeur, M. KUSS, nos vœux de respectueuse bienvenue.

Nous n'oublierons pas la cordiale bienveillance que M. DELAFOND nous a toujours témoignée, les efforts qu'il n'a cessé de faire pour tenir toujours l'enseignement de l'Ecole à la hauteur des besoins nouveaux de l'industrie. Nous connaissons d'autre part la belle carrière de son successeur, M. KUSS, nous apprécions hautement les sentiments de bienveillance qui l'animent à l'égard de notre Association amicale, dont il présidait, il y a quelques années, l'Assemblée générale avec une autorité si remarquée, et nous savons qu'avec lui les destinées de l'Ecole seront remises en bonnes mains.

Au cours du cinquantenaire écoulé, notre Association amicale a toujours rencontré le généreux appui et éprouvé la haute bienveillance des directeurs qui se sont succédé à la tête de notre Ecole, et je tiens à leur renouveler aujourd'hui les remerciements qui leur ont été adressés à de nombreuses reprises par les Présidents qui se sont succédé eux-mêmes à la tête de notre Association.

Comme témoignage de nos sentiments de vive et respectueuse gratitude, je prie nos camarades vénérés, les anciens directeurs de notre Ecole, M. HATON DE LA GOUPILLIÈRE, auquel nous adressons l'expression de notre respectueuse affection, M. Adolphe CARNOT, qui porte avec tant de dignité un nom historique dont il a su accroître encore l'autorité, M. NIVOIT, qui a signalé son passage à l'Ecole par tant de mesures intéressantes, et, avec eux, le directeur présent et le directeur futur, MM. DELAFOND et KUSS, de vouloir bien agréer aussi l'hommage de la médaille que nous venons de créer à l'occasion du Cinquantenaire.

Sur la prière qui vient tout récemment de m'en être adressée par un groupe de nos camarades, désireux de marquer à deux personnalités éminentes que nous avons l'honneur de compter dans nos rangs, nos sentiments de respectueuse déférence à leur égard, je viens vous informer qu'ils ont émis l'idée d'ouvrir entre nous une souscription volontaire afin de leur offrir une médaille en or.

Cet hommage exceptionnel prendrait par son caractère spontané une valeur toute spéciale, et, dans l'intention des auteurs du projet, il serait offert à l'occasion du Cinquantenaire à deux des camarades les plus éminents que nous comptons dans la métallurgie et dans l'art des mines, soit au vénéré M. Pierre MARTIN, inventeur du procédé de fusion de l'acier sur sole et à M. E. REUMAUX, directeur des mines de Lens, qui a contribué pour une si large part à tous les progrès récents de l'art des mines, et je ne doute pas qu'une pareille souscription ne reçoive de tous nos camarades un accueil des plus favorables.

En terminant cet exposé, c'est un devoir pour moi que de me faire l'interprète de la pensée unanime de tous ceux de nos camarades qui ont participé à nos réunions d'aujourd'hui en disant tout le plaisir que nous avons éprouvé en revoyant à nouveau les salles de travail de notre Ecole. En parcourant ces magnifiques laboratoires qu'elle possède maintenant pour les recherches les plus variées, comme nous le rappelions tout à l'heure en évoquant le souvenir du duc DE CHAULNES ; nous enviions alors les privilèges de nos jeunes camarades qui possèdent ainsi des moyens d'étude que nous ignorions, et volontiers nous reprendrions leur place dans ces laboratoires, si nous pouvions reprendre en même temps leurs vingt ans.

A côté de cette évocation des souvenirs de jeunesse, nous avons en même temps la satisfaction de recueillir de ces visites tout l'enseignement qu'elles comportent en écoutant les intéressantes explications que nous ont données avec tant d'indulgence les savants professeurs qui dirigent ces laboratoires ; en votre nom, je tiens à les remercier à nouveau du concours si dévoué qu'ils nous ont ainsi apporté ; je renouvelle également tous nos remerciements à Messieurs les Conservateurs des collections qui voudront bien nous accueillir lundi, et surtout à notre vénéré directeur, M. DELAFOND, qui nous a ouvert l'Ecole avec tant de libéralité, donnant ainsi à nos fêtes le meilleur attrait que nous puissions espérer. Nous n'oublierons jamais le bienveillant intérêt qu'il n'a cessé de porter à notre Association amicale et dont il nous donne encore de nouvelles preuves au moment où il va quitter la direction de notre Ecole, et notre souvenir reconnaissant le suivra dans sa retraite.

DISCOURS DE M. BACLÉ

prononcé au Banquet du 15 juin 1914

en présence de

M. le Président de la République

MONSIEUR LE PRÉSIDENT,

Les acclamations enthousiastes qui ont accueilli tout à l'heure votre entrée dans la salle de ce banquet vous ont déjà montré, mieux que je ne saurais le faire, toute la joie que nous éprouvons de vous recevoir aujourd'hui parmi nous ; ainsi que vous avez pu le voir, c'est bien la pensée unanime de tous nos camarades présents ; mais je suis certain d'être également l'interprète de ceux qui n'ont pas pu se joindre à nous en vous disant qu'ils sont de cœur avec nous, suivant une formule qui est aujourd'hui plus vraie que jamais. C'est l'affirmation que nous recueillons en effet dans toutes les lettres ou dépêches qui nous sont parvenues des pays lointains où ils sont disséminés : tous nos camarades considèrent que votre présence au milieu de nous est venue apporter la consécration suprême à ces fêtes du cinquantenaire de la fondation de notre Association Amicale.

Me sera-t-il permis d'ajouter que ce sentiment de légitime fierté, qui est aujourd'hui le nôtre, se nuance en même temps d'une impression plus intime d'affectueuse gratitude, car nous nous rappelons avec bonheur les traditions de famille qui vous rattachent au monde des ingénieurs ainsi que le souvenir du génial mathématicien dont vous portez le nom et que nous étions si fiers de compter dans nos rangs ; nous ne pouvons donc nous empêcher de penser que vous avez voulu nous donner aujourd'hui une marque spéciale de votre haute bienveillance, et nous en sommes d'autant plus vivement touchés.

Puisque aussi bien vous connaissez déjà notre Ecole, je n'ai pas besoin d'insister auprès de vous sur l'importance du rôle qu'elle remplit pour le recrutement des ingénieurs d'un des grands services de l'Etat, de même que pour celui du personnel technique ou dirigeant des grandes industries privées qui s'occupent de l'extraction et du traitement des matières minérales.

Dans les réunions que nous avons tenues à l'occasion de ces fêtes, de même que dans le Livre d'Or que nous préparons, nous avons essayé de rappeler la part qui revient à nos camarades dans ces merveilleux progrès scientifiques et industriels qui ont marqué le cinquantenaire écoulé, et nous avons résumé en même temps le rôle de notre Association Amicale qui, dans la sphère modeste où elle est nécessairement confinée, s'est attachée à développer parmi nos camarades ces œuvres d'assistance mutuelle que le gouvernement de la République a généralisées depuis en les étendant à tous les travailleurs.

Nous ne pouvons pas oublier en effet que ces progrès matériels dont nous sommes si fiers ont surtout pour effet de modifier, à chaque instant et de la façon la plus imprévue, les situations les mieux assises en apparence, et ce mouvement vertigineux qui entraîne aujourd'hui l'histoire elle-même sème trop souvent des victimes sur son passage en ruinant brusquement ceux qui ne savent pas s'adapter à la situation nouvelle qui leur est faite. Il n'est peut-être même pas exagéré de dire que nous avons perdu maintenant la pleine confiance dans cette sécurité du lendemain dont nos pères faisaient autrefois la condition primordiale du bonheur, et, dès lors, chacun de nous comprend d'autant mieux la nécessité qui s'impose à lui de venir en aide aux victimes d'aujourd'hui, car il ignore toujours s'il ne comptera pas, lui aussi, parmi celles de demain.

Cette double pensée d'études scientifiques, de progrès industriels et d'assistance mutuelle résume le rôle de notre Ecole et de l'Association Amicale qui en est l'émanation ; elle a inspiré la composition de la belle plaquette commémorative que l'éminent sculpteur M. THEUNISSEN a composée pour conserver le souvenir de cette journée, et je vous demanderai, au nom de notre Association Amicale, de vouloir bien nous faire l'honneur d'en agréer l'hommage. Sur une des faces vous retrouverez la vue de la façade et des bâtiments de notre Ecole avec la longue théorie des élèves qu'elle a préparés : c'est en effet la Maison commune, *Domus omnibus una*, qui les a recueillis et les a soumis à une discipline unique, afin de les pourvoir tous également des connaissances scientifiques et techniques qui leur seront nécessaires pour aborder avec succès les carrières diverses dans lesquelles ils vont s'engager. Et ils s'élancent ainsi dans la vie, au milieu de cette mêlée fiévreuse qu'est aujourd'hui l'industrie militante et spécialement cette in-

15 Juin 1914

MM. CHAPOT, Secrétaire général de l'Association et MOURRAL, Délégué des élèves, attendant M. le Président de la République.

Arrivée à l'École de M. POINCARÉ, Président de la République, accompagné de M. Fernand DAVID, Ministre de l'Agriculture.

dustrie minière, aléatoire entre toutes. Ils y apportent des espérances dont l'avenir leur refusera peut-être la réalisation.

C'est alors qu'intervient notre Association Amicale représentée par cette belle et imposante figure de la Mutualité vers laquelle ils se dirigent, et vous la voyez, à droite de la façade de l'École, accueillant ceux qui viennent lui demander aide et appui. Elle reçoit les jeunes camarades qu'elle guide tout d'abord dans le choix d'une carrière ; puis, d'autre part, elle soutient dans leur détresse les vaincus de la vie dont elle réconforte le courage, et elle secourt aussi les veuves et les orphelins qu'ils ont laissés derrière eux.

Sur le revers, vous voyez réunies dans un symbolisme frappant les deux grandes industries qu'étudie notre Ecole : l'art des Mines, représenté par ce vigoureux mineur et par ces chevalements si caractéristiques ; la Métallurgie, figurée par ce robuste forgeron et par le haut fourneau moderne avec son cortège d'appareils récupérateurs à air chaud, puis, à côté, les chemins de fer, l'électricité, l'automobile, l'aviation, toutes les industries de la mécanique moderne dans leur état présent, de sorte que notre médaille fournira plus tard aux archéologues et aux numismates de l'avenir un document de haute précision aussi impérissable que peut l'être une œuvre humaine.

Cette plaquette commémorera ainsi le souvenir de cette fête qui fera époque dans nos annales, puisque le vénéré chef de l'Etat veut bien l'honorer de sa présence ; je suis donc certain, mes chers camarades, d'être l'interprète de vos sentiments unanimes en vous demandant de porter avec moi ce toast de loyalisme patriotique qui s'impose à tous les Français, mais qui est en même temps pour nous un témoignage de nos sentiments de respectueuse affection, et je vous propose de boire à la santé de l'éminent homme d'Etat dont le nom appartient à l'histoire comme celui du grand savant dont nous rappelions tout à l'heure le souvenir glorieux, de M. Raymond Poincaré, Président de la République.

A ses côtés, notre Association Amicale est heureuse de saluer M. le Ministre de l'Agriculture, qui nous donne à l'occasion de ces fêtes un double témoignage d'intérêt qui nous est particulièrement précieux. Il a bien voulu, en effet, lorsqu'il occupait le ministère des Travaux publics, mettre à notre disposition le jardin du ministère pour notre garden-party d'hier dont il assurait ainsi le succès, et aujourd'hui il a bien voulu se rendre à notre invitation pour suppléer son successeur au ministère, retenu malheureusement par une indisposition qui ne lui permet pas de sortir. M. le ministre Renoult a tenu néanmoins à nous confirmer les autorisations antérieures et à se faire représenter à ce banquet.

Hier encore Mme Renoult voulait bien, avec une bonne grâce que nous ne saurions oublier, participer à notre garden-party qu'elle embellissait du charme de sa présence.

Nous exprimons nos sentiments de vive et respectueuse gratitude à Mme Renoult, à MM. les ministres Renoult et Fernand David, ainsi qu'a MM. les ministres de la Guerre, du Commerce et des Colonies qui ont bien voulu se faire représenter à ce banquet, nous donnant par là une marque d'intérêt qui nous a vivement touchés.

Je remercie également MM. les membres du Parlement, sénateurs et députés, qui ont bien voulu se joindre à nous, nous témoignant ainsi une fois de plus de tout l'intérêt que les pouvoirs publics attachent à la bonne organisation de notre Ecole.

Permettez-moi maintenant, mes chers camarades, de saluer en votre nom MM. les Présidents du Conseil municipal de Paris et du Conseil général de la Seine, qui ont bien voulu témoigner par leur présence de l'intérêt qu'ils portent à notre Ecole, à laquelle ces deux Conseils veulent bien accorder une subvention.

A côté d'eux, nous présentons également nos hommages à MM. les Présidents et à MM. les Secrétaires généraux des deux grands Comités des Houillères et des Forges de France, à la générosité desquels nous devons également de larges subventions, et qui eux aussi ont bien voulu nous faire l'honneur de se rendre à notre invitation.

Les dons que nos bienfaiteurs attribuent ainsi à notre Ecole et à notre Association Amicale nous apportent le meilleur témoignage de l'intérêt qu'ils attachent à l'installation de notre Ecole dans la capitale, de même qu'au bon recrutement et à l'instruction technique de ses élèves parmi lesquels nos grandes industries choisiront plus tard leurs futurs collaborateurs. Nous les en remercions vivement, et je vous propose de lever nos verres en leur honneur comme témoignage de nos sentiments de respectueuse gratitude.

Nous remercions également MM. les présidents de la Société d'Encouragement pour l'Industrie Nationale, de la Société des Ingénieurs civils de France et de la Société de l'Industrie minérale, qui ont bien voulu participer à ce banquet, car leur présence atteste une fois de plus l'intimité des relations qui rattachent notre Ecole à ces trois grandes Sociétés si hautement considérées, dans les rangs desquelles nous sommes heureux et fiers de compter un nombre si élevé de nos camarades les plus distingués.

Permettez-moi encore d'exprimer nos remerciements à MM. les directeurs, à MM. les présidents des Associations Amicales des grandes Ecoles techniques qui ont bien voulu se joindre à nous ; l'Ecole Polytechnique qui contribue pour une si large part au recrutement de notre Ecole et qui lui amène chaque année les plus distingués de ses élèves, l'Ecole des Ponts et Chaussées, notre sœur jumelle, une filiale elle aussi de l'Ecole Polytechnique et qui se rattache à nous par la similitude de son recrutement, l'Ecole Centrale des Arts et Manufactures, et l'Ecole des Mines de Saint-Etienne, toutes écoles dont les élèves sont nos émules, nos collègues ou nos collaborateurs.

La présence au milieu de nous des représentants de ces écoles témoigne des sentiments d'estime réciproque et d'amicale solidarité qui doivent animer tous les ingénieurs, quelle que soit l'origine dont ils se réclament, car nous sommes tous également des soldats de l'industrie militante, luttant côte à côte pour augmenter le bien-être de l'humanité en asservissant tous les jours davantage la nature à ses besoins, et je vous convie à porter avec moi un toast confraternel à la santé de chacun de nos hôtes et à la prospérité de leurs écoles et de leurs Associations respectives.

Et puisque je suis ici l'interprète de l'Association Amicale de l'Ecole des Mines, je dois enfin exprimer en son nom nos sentiments de gratitude toute spéciale à l'égard du vénéré directeur de notre Ecole, M. l'inspecteur général Delafond, qui a bien voulu en mettre les bâtiments à notre disposition pour nos réunions du cinquantenaire ; il nous a permis, en outre, de tenir ce banquet dans ce cadre merveilleux de verdure du jardin du Luxembourg, évocateur en même temps de nos années de jeunesse, et il a donné ainsi à nos fêtes le meilleur attrait que nous puissions espérer. Je vous propose de boire à sa santé en lui renouvelant l'expression de la part bien vive que nous prenons à son chagrin dans le deuil cruel qui l'a récemment frappé, de même que celle des regrets que nous cause son prochain départ ; nous présentons également nos vœux de respectueuse bienvenue à son éminent successeur, M. l'inspecteur général Kuss, dont nous connaissons et admirons la belle et laborieuse carrière. Vous ne me pardonneriez pas d'oublier les anciens directeurs que nous sommes si heureux de voir toujours au milieu de nous, M. Haton de la Goupillière, qui a consacré toute sa vie active à notre Ecole, où il a laissé tant d'affectueux souvenirs, M. Adolphe Carnot, qui porte avec tant de dignité un nom historique dont il a su accroître encore l'autorité respectée, M. Edmond Nivoit, dont le passage à l'Ecole a été signalé par tant de créations particulièrement heureuses, comme celle du cercle qui est si apprécié des élèves. Je vous propose de les unir dans un même toast ainsi que M. l'inspecteur général Chesneau, sous-directeur, et tout le corps enseignant de l'Ecole.

Et, si nous revenons maintenant aux fêtes du Cinquantenaire qui vont se clore avec ce banquet, vous me permettrez de remercier en votre nom tous ceux qui en ont assuré le succès à un titre quelconque, spécialement les éminents conférenciers qui ont bien voulu exposer devant les profanes que nous sommes presque tous, ces sciences nouvelles qu'ils ont contribué à créer, et enfin les collaborateurs de notre Livre d'Or, ainsi que les membres du Syndicat de garantie, et vous vous joindrez à nous pour porter un toast en leur honneur.

Et, arrivant enfin à notre Association Amicale, vous me permettrez tout d'abord d'évoquer devant vous le souvenir de tous ceux qui ont présidé à ses destinées ou préparé sa prospérité future pendant la période cinquantenaire qui se termine aujourd'hui, et vous vous unirez à moi pour boire en particulier à la santé des anciens présidents que nous avons le bonheur de posséder encore au milieu de nous : notre doyen respecté M. Paul Lemonnier, contemporain des fondateurs de notre Association, dont nous admirons tous les jours davantage la verte et robuste vieillesse, qui apporta tant de zèle et de dévouement dans ses fonctions de président, puis M. Georges Rouy, qui fut son digne continuateur, et enfin M. Edouard Gruner, qui porte avec tant de distinction et d'autorité un nom vénéré qui nous est resté cher à tous.

Et puisque, après avoir parlé du passé, nous devons maintenant envisager l'avenir en présence de cette nouvelle période cinquantenaire qui commence pour notre Association Amicale, vous me permettrez encore de vous proposer un toast à sa prospérité toujours croissante, et de saluer par avance en votre nom à tous, les générations nouvelles qui viendront à leur tour s'asseoir sur les bancs de notre Ecole pour y recevoir le même enseignement qui nous a formés. Ce sont nos fils intellectuels qui sauront plus tard continuer la tâche délaissée par nos mains défaillantes ; et nous ne doutons pas que, dans toutes les positions qu'ils pourront occuper, savants éminents, ingénieurs obscurs ou chefs dirigeant des services publics ou des industries privées, ils ne s'attacheront toujours à maintenir et accroître encore le prestige commun de notre Ecole qui forme le patrimoine commun de chacun de nous ; s'ils ont le droit de s'enorgueillir des grands souvenirs de ceux de nos camarades dont l'histoire aura pu conserver les noms glorieux, ils n'oublieront jamais non plus que cet héritage de gloire est un dépôt sacré qu'il ne leur est pas permis de laisser déchoir entre leurs mains. Ils n'oublieront pas davantage ces devoirs d'assistance mutuelle qui s'imposent avec une rigueur particulière à tous les privilégiés de l'intelligence et de la fortune, car ils savent que « noblesse oblige », suivant le vieil adage de nos pères, et ils se guideront toujours d'après cette belle devise que la Convention nationale inscrivait au fronton de l'Ecole Polytechnique et qui inspire toutes nos grandes Ecoles : Pour la Patrie, la Science et la Gloire.

La présence au milieu de nous de l'homme éminent qui préside avec tant de distinction aux destinées de la République et que nous sommes si heureux et fiers de recevoir aujourd'hui, nous apporte le meilleur encouragement que nous pouvons espérer dans la tâche qui nous incombe, car elle nous montre toute la sollicitude dont il est animé à notre égard, toute la confiance que le pays met en nous, et je tiens à lui dire en votre nom à tous que cette confiance ne sera pas déçue, en même temps que je lui renouvelle en terminant l'expression de nos sentiments de vive et respectueuse gratitude.

DISCOURS DE M. POINCARÉ

Président de la République

au Banquet du 15 juin 1914, à l'École des Mines

MESSIEURS,

Je suis très touché que vous ayez eu la pensée de m'offrir la présidence de ce banquet. J'ai bien compris que votre invitation ne s'adressait pas seulement au Président de la République, mais aussi, et surtout peut-être, à l'ami de cette maison, à celui qui a été si longtemps uni à votre Association par les liens de famille les plus étroits. Combien de fois, lorsque, jeune étudiant, j'habitais le pays latin, n'ai-je pas remonté le boulevard Saint-Michel jusqu'à hauteur du vieil hôtel de Vendôme, en compagnie d'un élève ingénieur, que j'aimais comme un grand frère et qui étonnait ses anciens et ses maîtres par la précocité de son génie ! Combien de conversations n'avons-nous pas eues, où il dégageait, de ses derniers cours de géologie, de minéralogie, de paléontologie, des idées générales qui illuminaient comme des éclairs les horizons de l'esprit !

Votre Association était alors à ses débuts ; elle a fourni depuis une longue carrière, et lorsque vous jetez aujourd'hui les regards en arrière, vous vous sentez justement fiers des services qu'elle a rendus.

J'embarrasserais, je le sais, votre délicatesse si j'insistais trop sur le bien que vous avez fait autour de vous et sur le dévouement avec lequel vous avez rempli, pendant un demi-siècle, votre tâche d'assistance mutuelle. Votre charité discrète, qui s'exerce au profit de vos camarades malheureux, ne sollicite aucun éloge et n'attend d'autre récompense que la joie du devoir accompli.

J'ai bien le droit, du moins, de remarquer que votre Association ne se contente pas d'accorder des secours aux moins fortunés de ses membres, à leurs veuves et à leurs familles ; elle leur donne aussi, à tous, les renseignements et l'appui nécessaires, s'ils veulent être aidés dans la recherche d'un emploi ; elle est donc pour eux une tutrice bienfaisante, qui, en leur rappelant sans cesse leurs origines communes, les accompagne dans la vie, les réconforte et les soutient.

La médaille que vous avez fait frapper à l'occasion de cette fête commémorative, et dont je vous remercie d'avoir bien voulu me réserver un si bel exemplaire, représente symboliquement votre société amicale dans ce rôle de protection et de bonté. Elle la montre aussi dans tout l'éclat des victoires pacifiques que, depuis cinquante ans, elle a remportées.

Les anciens élèves de l'Ecole des Mines sont, en effet, de ceux qui ont donné la plus vigoureuse impulsion au merveilleux mouvement scientifique qui a, en un demi-siècle, transformé toutes les conditions de l'existence humaine. Chaque page de vos annales fixe le souvenir d'une de ces grandes découvertes qui ont accoutumé nos contemporains à ne plus s'étonner d'aucun progrès et qui nous ont ouvert sur l'inconnu des perspectives si imprévues. S'agit-il de la métallurgie ? C'est parmi vous que les nouveaux procédés destinés à permettre la fusion rapide et économique des grandes masses d'acier ont été imaginés et perfectionnés ; c'est parmi vous qu'ont été recherchées des améliorations successives au régime des hauts fourneaux ; c'est parmi vous qu'ont été recrutés nombre de techniciens, chargés de procéder, dans les forges, aux analyses chimiques, aux examens physiques, aux épreuves mécaniques, de faire, en un mot, l'application de ces méthodes scientifiques qui ont, depuis quelques années, réformé toutes les habitudes de l'industrie. S'agit-il de l'exploitation des mines ? C'est vous qui avez préparé la voie des gisements profonds, vous qui avez creusé les puits et assuré l'aérage, vous qui vous êtes efforcés de conjurer toutes les menaces d'éboulement et d'explosion, vous qui avez donné aux exploitants des facilités nouvelles pour l'extraction et le transport, aux mineurs une sécurité plus grande dans leur rude travail souterrain. S'agit-il de la mécanique ? Vous avez, comme vos camarades de l'Ecole des Ponts, de l'Ecole Centrale ou des autres grandes institutions d'enseignement technique, apporté votre tribut d'efforts et d'inventions à la prodigieuse révolution qui s'est produite dans les transports et qui a changé la face du monde. S'agit-il de la science pure ? Les noms les plus illustres ne sont-ils pas inscrits à votre Livre d'Or et n'y voyons-nous pas figurer, à côté des industriels et des ingénieurs qu'a formés l'Ecole des Mines, de grands mathématiciens comme Joseph Bertrand, Résal et Henri Poincaré, de grands physiciens comme Cornu, de grands chimistes comme Cailletet, de grands géologues comme Lapparent, de grands économistes comme Le Play et Michel Chevalier ?

Tous ces glorieux souvenirs planent aujourd'hui sur la maison que vous aimez et c'est sous leurs auspices que votre Association célèbre son cinquantième anniversaire. Le passé est, pour elle, garant de l'avenir et elle peut compter sur vous, Messieurs, pour sauvegarder ses traditions et maintenir sa renommée.

Je lève mon verre en l'honneur de votre Association et de l'Ecole des Mines.

TABLE DES MATIÈRES

Société française d'Imprimerie (L. Cadot, dir.),
12, rue de la Grange-Batelière. — Paris.

www.ingramcontent.com/pod-product-compliance
Ingram Content Group UK Ltd.
Pitfield, Milton Keynes, MK11 3LW, UK
UKHW020324250726
13967UKWH00004B/1853

9 782013 416412